群集智能优化算法及其在机场停机位分配中的应用

邓　武　赵慧敏　徐俊洁　周永权　著

科学出版社

北　京

内 容 简 介

本书综述了机场停机位分配问题的国内外研究现状和发展动态，阐述了停机位分配问题的基本概念、特性和理论；分别介绍了群集智能优化算法中的蚁群优化算法、差分进化算法、粒子群优化算法、量子进化算法等改进算法和协同进化蚁群优化算法在机场停机位分配中的应用，通过机场停机位的实际数据验证了所提方法的可行性与有效性。针对机场延误航班停机位再分配问题，论述了基于 GA-ACO 两阶段优化算法的机场延误航班停机位再分配方法，并对其进行了有效性验证。

本书可作为计算机科学与技术、控制科学与工程、管理科学与工程、交通运输工程等专业研究生及教学科研人员的参考用书，也可供民航相关领域的研究人员和工程技术人员学习、参考。

图书在版编目（CIP）数据

群集智能优化算法及其在机场停机位分配中的应用 / 邓武等著.
— 北京：科学出版社，2021.9
　ISBN 978-7-03-069749-3

　Ⅰ. ①群⋯　Ⅱ. ①邓⋯　Ⅲ. ①计算机算法-最优化算法-群集技术-应用-机场-停机系留装置-研究　Ⅳ. V351.14②TP301.6

中国版本图书馆 CIP 数据核字(2021) 第 184722 号

责任编辑：任　静 / 责任校对：胡小洁
责任印制：吴兆东 / 封面设计：迷底书装

科 学 出 版 社 出版
北京东黄城根北街 16 号
邮政编码：100717
http://www.sciencep.com

北京中石油彩色印刷有限责任公司 印刷
科学出版社发行　各地新华书店经销
*
2021 年 9 月第 一 版　开本：720×1 000　B5
2021 年 9 月第一次印刷　印张：13 1/2
字数：272 000
定价：98.00 元
（如有印装质量问题，我社负责调换）

前　言

　　停机坪是机场内陆地上划定的部分区域，用于航空器停放、维修、装货以及旅客登机使用。而停机位则是在停机坪的范围内所设置用于航空器停靠的位置，它作为机场极其稀缺和昂贵的重要资源，是实现航班快速安全停靠、保证航班之间有效衔接、提高整个机场系统容量和服务效率的一个关键因素。停机位已成为继跑道之后又一个制约机场发展的瓶颈，目前解决机场停机位紧缺问题主要从硬件方面增加停机位和软件方面提高停机位的优化分配。但硬件方面需要投入大量的资金、人力、物力以及土地，并对周围环境有着极大的影响，且建设周期较长；而软件方面通过科学合理的方法对现有停机位进行高效优化分配来提高机场停机位的利用率，这种解决方案因其投入少、风险小、见效快的特点备受青睐。

　　停机位分配问题旨在满足一定约束条件和目标要求的前提下，为每个执行航班分配适当的停机位，以保证航班正常和客货的有效衔接，提高机场的服务质量。停机位分配是机场地面运行组织的关键要素之一，具有内在的多目标、不确定、大规模、多约束和多资源理论复杂属性，属于 NP-hard 问题，且由航空公司自身原因、机械故障、流量控制、天气原因等造成的不正常航班停机位再分配问题更为复杂。而不合理的停机位分配，不但增加航班的延误、降低资源的利用率和旅客满意度，而且还会增加航空公司和机场的运营成本，因此，停机位分配问题受到学术界和企业界的广泛关注与深入研究。

　　群集智能优化算法是一类受人类智能、生物群体社会性或自然现象规律的启发而发展起来的优化算法，这类算法包括遗传算法（Genetic Algorithms, GA）、粒子群优化（Particle Swarm Optimization, PSO）、禁忌搜索（Tabu Search, TS）、模拟退火（Simulated Annealing, SA）、人工免疫（Artificial Immune Algorithm, AIA）、蚁群优化（Ant Colony Optimization, ACO）、差分进化（Differential Evolution, DE）、菌群优化（Bacterial Foraging Optimization, BFO）、人工蜂群（Artificial Bee Colony, ABC）、花朵授粉（Flower Pollination Algorithm, FPA）等算法，并不断有新的算法涌现。与传统的优化方法相比，群集智能优化算法具有全局优化性能、较强的通用性和并行处理的特点，非常适合于求解较大规模的复杂优化问题，在一定时间内找到问题的最优解或者近似最优解。目前，群集智能优化算法已在函数优化、资源调度、停机位分配等方面应用非常广泛，并取得了较好的研究进展。

　　本书的主要内容来源于作者承担的国家自然科学基金民航联合项目（批准号：U1433124）、国家自然科学基金面上项目（批准号：61771087）和国家自然科学基金地区项目（批准号：62066005）的研究成果。主要以机场停机位关键资源分配优化问题为背景，综合运用了系统建模、运筹学、群集智能优化算法和计算机仿真技术，采用了数学模型与深层次求解算法相结合的方法，研究了兼顾运行安全、高效、可靠的停机位动态分配和延误航班停机位再分配优化建模及智能调度算法，丰富和深化了机场关键稀缺资源动态分配优化决策与智能调度理论，保证了机场航班正点、降低了航班运行成本、方便了旅客出行，提升了我国航空运输系统的服务质量与服务水平。

　　全书共分 8 章。第 1 章为绪论，阐述了机场停机位分配的背景、意义和特性，结合国内外文献综述了停机位分配的研究现状和动态发展；第 2 章重点介绍了机场停机位分配问题描述、停机位分配的优化目标函数，以及求解的精确方法和近似方法；第 3 章在介绍蚁群优化算法的基础上，研究了一种改进信息素、选择概率、信息素挥发系数的蚁群优化（PSVACO）算法，提出了基于 PSVACO 算法的机场停机位分配优化方法，并验证了方法的有效性；第 4 章在介绍协同进化算法的基础上，研究了一种自适应蚁群优化(SACO)算法，结合合作型协同进化模式，借鉴并行进化机制，研究了一种新的协同进化蚁群优化（SCEACO）算法，提出了基于 SCEACO 算法的机场停机位分配优化方法，实现了机场停机位的有效分配；第 5 章在介绍差分进化算法的基础上，研究了基于小波基函数和最优变异策略的差分进化（CPOMSDE）算法，提出了基于 CPOMSDE 算法的机场停机位分配优化方法，并验证了其有效性；第 6 章在介绍粒子群优化算法、分数阶微分和 Alpha 稳定分布理论的基础上，研究了一种基于分数阶微分和 Alpha 稳定分布的自适应粒子群优化（ADFCAPO）算法，提出了基于 ADFCAPO 算法的机场停机位分配优化方法，提高了停机位分配的灵活性，避免了大量航班延误的发生；第 7 章在介绍量子进化算法的基础上，研究了基于小生镜协同进化策略和改进粒子群的量子进化（NCPQEA）算法，提出了基于 NCPQEA 算法的机场停机位分配优化方法，提高了停机位的利用率和旅客的满意度，避免了机场关键资源的浪费；第 8 章在介绍遗传法的基础上，研究了基于遗传算法和蚁群优化的 GA-ACO 两阶段优化算法，建立了以航班延误损失值和停机位再分配扰动值最小化作为优化目标函数的延误航班停机位再分配多目标优化模型，提出了基于 GA-ACO 两阶段优化算法的机场延误航班停机位再分配优化方法，降低了机场、航空公司和旅客由航班延误所产生的延误损失。

　　在本书即将付梓之际，由衷地感谢为本书研究工作做出贡献的各位老师、同行和研究生。同时，由于作者视野和水平有限，书中不妥和疏漏之处在所难免，恳请各位同行和读者能够给予批评指正。

目　　录

前言

第 1 章　绪论 ·· 1
1.1　停机位分配问题的研究背景和意义 ·· 1
1.2　机场停机位分配问题 ··· 2
1.3　停机位分配问题的研究现状 ··· 3
　　1.3.1　停机位静态分配问题的研究现状 ··· 3
　　1.3.2　多目标停机位分配问题的研究现状 ··· 4
　　1.3.3　具有鲁棒性的停机位分配问题研究现状 ······································· 5
　　1.3.4　不正常航班停机位动态分配问题的研究现状 ··································· 6
1.4　本书的结构及主要内容 ·· 7
1.5　本章小结 ··· 8
　　参考文献 ··· 8
第 2 章　机场停机位分配问题的分析、模型与方法 ······························· 13
2.1　机场停机位分配问题分析 ·· 13
　　2.1.1　民航机场系统 ·· 13
　　2.1.2　机场停机位特性 ·· 15
　　2.1.3　机场航班特性 ·· 16
　　2.1.4　机场停机位分配特性 ·· 17
　　2.1.5　机场停机位分配规则 ·· 18
　　2.1.6　机场停机位分配约束条件 ·· 19
　　2.1.7　机场停机位实时分配 ·· 20
　　2.1.8　机场停机位与航班之间关系 ·· 20
2.2　停机位分配问题域的分析 ·· 21
　　2.2.1　复杂网络流模型 ·· 21
　　2.2.2　假设条件 ·· 22
　　2.2.3　数据定义 ·· 23
　　2.2.4　复杂网络流模型构建 ·· 23
2.3　机场停机位分配的优化目标函数分析 ·· 24

2.3.1　旅客总行走距离之和最短 ·· 24

2.3.2　各停机位空闲时间最均衡 ·· 25

2.3.3　远机位停靠航班数量最少 ·· 25

2.3.4　停机位占用效率最大 ·· 25

2.3.5　航班-机位匹配差异度最小 ·· 26

2.3.6　飞机地面滑行油耗最小 ·· 26

2.4　停机位分配问题的研究方法 ··· 27

2.4.1　精确求解方法 ·· 27

2.4.2　近似求解方法 ·· 27

2.5　多目标优化问题描述 ··· 29

2.6　本章小结 ··· 29

参考文献 ··· 29

第3章　多策略蚁群优化算法求解机场停机位分配问题 ······················ 33

3.1　基本蚁群优化算法 ··· 33

3.1.1　蚁群优化算法原理 ·· 33

3.1.2　蚁群优化算法流程 ·· 34

3.1.3　蚁群优化算法优缺点 ·· 36

3.2　多策略蚁群优化算法 ··· 36

3.2.1　信息素初始浓度的改进方法 ·· 36

3.2.2　转移概率的改进方法 ·· 37

3.2.3　挥发系数的改进方法 ·· 37

3.2.4　PSVACO算法的实现 ··· 37

3.2.5　PSVACO算法的数值验证 ··· 39

3.3　机场停机位分配多目标优化模型的建立 ··· 42

3.3.1　优化目标函数的构建 ·· 42

3.3.2　多目标优化模型的无量化 ·· 43

3.4　多策略蚁群优化算法求解停机位分配优化模型 ··································· 44

3.4.1　机场停机位分配优化方法 ·· 44

3.4.2　机场停机位分配流程 ·· 44

3.5　算例分析 ··· 45

3.5.1　实验数据 ·· 45

3.5.2　实验环境与参数设置 ·· 46

3.5.3　实验结果与分析 ·· 46

　　　3.5.4　结果比较与分析 ···48

3.6　本章小结 ··49

参考文献 ··50

第 4 章　协同进化蚁群优化算法求解机场停机位分配问题 ·················52

4.1　协同进化算法 ···52

4.1.1　协同进化算法概述 ···52

4.1.2　协同进化算法的分类 ···52

4.1.3　协同进化算法的框架 ···56

4.1.4　协同进化算法动力学描述 ·······································56

4.2　自适应蚁群优化算法 ···58

4.2.1　信息素更新策略 ···58

4.2.2　信息素更新约束范围 ···59

4.3　协同进化蚁群优化算法 ···59

4.3.1　协同进化蚁群优化算法思想 ···································59

4.3.2　SCEACO 算法模型 ··59

4.3.3　SCEACO 算法描述 ···60

4.3.4　SCEACO 算法求解 TSP ···61

4.4　SCEACO 算法参数自适应调整与协作策略 ······················65

4.4.1　参数自适应调整策略 ···65

4.4.2　参数协作策略 ···65

4.5　机场停机位分配多目标优化模型的建立 ···························66

4.5.1　优化目标函数的构建 ···66

4.5.2　多目标优化模型的无量化 ·······································66

4.6　SCEACO 算法求解停机位分配优化模型 ··························66

4.6.1　机场停机位分配优化方法 ·······································66

4.6.2　机场停机位分配流程 ···67

4.6.3　机场停机位分配步骤 ···67

4.7　算例分析 ··68

4.7.1　实验数据 ··68

4.7.2　实验环境与参数设置 ···69

4.7.3　实验结果与分析 ···70

4.7.4　结果比较与分析 ···72

4.8　本章小结 ··75

参考文献 ·· 75

第 5 章　多策略差分进化算法求解机场停机位分配问题 ······························· 78
　5.1　差分进化算法 ·· 78
　　5.1.1　差分进化算法原理 ·· 78
　　5.1.2　差分进化算法的优缺点 ··· 80
　5.2　CPOMSDE 算法 ··· 80
　　5.2.1　CPOMSDE 算法的思想 ··· 80
　　5.2.2　小波基函数改进缩放因子 ·· 81
　　5.2.3　正态分布改进交叉概率 ··· 82
　　5.2.4　最优变异策略 ·· 82
　　5.2.5　CPOMSDE 算法模型 ··· 84
　　5.2.6　CPOMSDE 算法步骤 ··· 85
　5.3　数值实验与分析 ·· 85
　　5.3.1　标准测试函数 ·· 85
　　5.3.2　实验环境与参数设置 ·· 86
　　5.3.3　实验结果与分析 ·· 87
　　5.3.4　结果比较与分析 ·· 95
　5.4　机场停机位分配多目标优化模型的建立 ·· 96
　　5.4.1　优化目标函数的构建 ·· 96
　　5.4.2　多目标优化模型的无量化 ·· 97
　5.5　CPOMSDE 算法求解停机位分配优化模型 ··· 98
　　5.5.1　机场停机位分配优化方法 ·· 98
　　5.5.2　机场停机位分配流程 ·· 98
　　5.5.3　机场停机位分配步骤 ·· 99
　5.6　算例分析 ·· 99
　　5.6.1　实验数据与实验环境 ·· 99
　　5.6.2　实验结果与分析 ·· 101
　　5.6.3　结果比较与分析 ·· 104
　5.7　本章小结 ··· 104
　参考文献 ·· 105

第 6 章　自适应粒子群优化算法求解机场停机位分配问题 ··························· 108
　6.1　粒子群优化算法 ·· 108
　　6.1.1　粒子群优化算法原理 ··· 108

6.1.2　粒子群优化算法的优缺点 ································· 109
6.2　分数阶微分和 Alpha 稳定分布理论 ······················· 110
6.2.1　分数阶微分理论 ···································· 110
6.2.2　Alpha 稳定分布理论 ································· 111
6.3　自适应粒子群优化算法 ································· 112
6.3.1　ADFCAPO 算法思想 ······························· 112
6.3.2　均匀初始化粒子策略 ·································· 112
6.3.3　Alpha 稳定分布随机函数策略 ·························· 112
6.3.4　基于动态分数阶微分的速度计算策略 ····················· 114
6.3.5　ADFCAPO 算法流程 ······························· 115
6.4　机场停机位分配多目标优化模型的建立 ···················· 115
6.4.1　优化目标函数的构建 ·································· 115
6.4.2　多目标优化函数的无量化 ······························ 116
6.5　基于 ADFCAPO 算法的机场停机位分配优化方法 ············ 117
6.6　算例分析 ··· 118
6.6.1　实验数据与参数设置 ·································· 118
6.6.2　实验结果与分析 ····································· 120
6.6.3　结果比较与分析 ····································· 123
6.7　本章小结 ··· 125
参考文献 ··· 125

第 7 章　多策略量子进化算法求解机场停机位分配问题 ············· 127
7.1　进化算法 ··· 127
7.1.1　进化算法概述 ······································ 127
7.1.2　进化算法原理 ······································ 127
7.1.3　进化算法特点 ······································ 128
7.2　量子计算 ··· 129
7.2.1　量子计算概述 ······································ 129
7.2.2　量子计算原理 ······································ 129
7.2.3　量子门 ··· 130
7.2.4　量子旋转门 ·· 131
7.3　量子进化算法 ······································· 136
7.3.1　量子进化算法概述 ···································· 136
7.3.2　量子遗传算法 ······································ 137

7.4 多策略量子进化算法 ···139

　　7.4.1 NCPQEA 思想 ··139

　　7.4.2 基于小生境进化策略的 QEA 种群初始化 ······························140

　　7.4.3 PSO 学习因子的动态确定策略 ··140

　　7.4.4 基于改进 PSO 的量子旋转门更新策略 ··································141

　　7.4.5 NCPQEA 模型 ··142

　　7.4.6 NCPQEA 步骤 ··142

7.5 数值实验与分析 ···143

　　7.5.1 标准测试函数 ··143

　　7.5.2 实验环境与参数设置 ··144

　　7.5.3 实验结果与比较 ··144

7.6 机场停机位分配多目标优化模型的建立 ·····································150

　　7.6.1 优化目标函数的构建 ··150

　　7.6.2 多目标优化模型的无量化 ··151

7.7 基于 NCPQEA 的机场停机位分配优化方法 ·····························151

　　7.7.1 机场停机位分配优化方法 ··151

　　7.7.2 机场停机位分配流程 ··151

　　7.7.3 机场停机位分配步骤 ··151

7.8 算例分析 ···152

　　7.8.1 实验数据 ··152

　　7.8.2 实验环境与参数设置 ··154

　　7.8.3 实验结果与分析 ··154

　　7.8.4 结果比较与分析 ··159

7.9 本章小结 ···162

参考文献 ···162

第 8 章 两阶段优化算法求解机场延误航班停机位分配问题 ···········166

8.1 遗传算法 ···166

　　8.1.1 遗传算法概述 ··166

　　8.1.2 遗传算法原理 ··166

　　8.1.3 算法定理及其收敛性 ··167

　　8.1.4 遗传算法的优缺点 ··168

8.2 两阶段优化算法 ···168

　　8.2.1 两阶段优化算法思想 ··168

　　　8.2.2　两阶段优化算法流程 ┈┈┈┈┈┈┈┈┈┈┈┈┈┈┈┈┈┈┈┈┈ 169
　　　8.2.3　两阶段优化算法步骤 ┈┈┈┈┈┈┈┈┈┈┈┈┈┈┈┈┈┈┈┈┈ 169
　8.3　数值实验与分析 ┈┈┈┈┈┈┈┈┈┈┈┈┈┈┈┈┈┈┈┈┈┈┈┈┈┈┈┈ 170
　　　8.3.1　TSP 问题描述 ┈┈┈┈┈┈┈┈┈┈┈┈┈┈┈┈┈┈┈┈┈┈┈┈┈ 170
　　　8.3.2　实验环境与参数设置 ┈┈┈┈┈┈┈┈┈┈┈┈┈┈┈┈┈┈┈┈┈ 171
　　　8.3.3　实验结果与分析 ┈┈┈┈┈┈┈┈┈┈┈┈┈┈┈┈┈┈┈┈┈┈┈ 171
　8.4　延误航班停机位再分配优化模型的建立 ┈┈┈┈┈┈┈┈┈┈┈┈┈┈┈ 173
　　　8.4.1　航班延误分析 ┈┈┈┈┈┈┈┈┈┈┈┈┈┈┈┈┈┈┈┈┈┈┈┈┈ 174
　　　8.4.2　停机位再分配描述与分析 ┈┈┈┈┈┈┈┈┈┈┈┈┈┈┈┈┈┈┈ 174
　　　8.4.3　优化目标函数的构建 ┈┈┈┈┈┈┈┈┈┈┈┈┈┈┈┈┈┈┈┈┈ 176
　　　8.4.4　多目标优化模型的无量化 ┈┈┈┈┈┈┈┈┈┈┈┈┈┈┈┈┈┈┈ 177
　8.5　基于两阶段优化算法的延误航班停机位再分配方法 ┈┈┈┈┈┈┈┈ 177
　　　8.5.1　延误航班停机位再分配方法 ┈┈┈┈┈┈┈┈┈┈┈┈┈┈┈┈┈ 177
　　　8.5.2　延误航班停机位再分配流程 ┈┈┈┈┈┈┈┈┈┈┈┈┈┈┈┈┈ 178
　8.6　延误航班停机位再分配实现过程 ┈┈┈┈┈┈┈┈┈┈┈┈┈┈┈┈┈┈┈ 178
　　　8.6.1　延误航班停机位再分配第一阶段的实现 ┈┈┈┈┈┈┈┈┈┈┈ 178
　　　8.6.2　延误航班停机位再分配第二阶段的实现 ┈┈┈┈┈┈┈┈┈┈┈ 186
　8.7　实例分析 ┈┈┈┈┈┈┈┈┈┈┈┈┈┈┈┈┈┈┈┈┈┈┈┈┈┈┈┈┈┈┈┈ 190
　　　8.7.1　实验数据 ┈┈┈┈┈┈┈┈┈┈┈┈┈┈┈┈┈┈┈┈┈┈┈┈┈┈┈ 190
　　　8.7.2　实验环境与参数设置 ┈┈┈┈┈┈┈┈┈┈┈┈┈┈┈┈┈┈┈┈┈ 191
　　　8.7.3　实验结果与分析 ┈┈┈┈┈┈┈┈┈┈┈┈┈┈┈┈┈┈┈┈┈┈┈ 192
　　　8.7.4　结果比较与分析 ┈┈┈┈┈┈┈┈┈┈┈┈┈┈┈┈┈┈┈┈┈┈┈ 195
　8.8　本章小结 ┈┈┈┈┈┈┈┈┈┈┈┈┈┈┈┈┈┈┈┈┈┈┈┈┈┈┈┈┈┈┈┈ 200
参考文献 ┈┈┈┈┈┈┈┈┈┈┈┈┈┈┈┈┈┈┈┈┈┈┈┈┈┈┈┈┈┈┈┈┈┈┈┈ 200

第1章 绪　　论

1.1　停机位分配问题的研究背景和意义

随着国民经济的快速发展和人民生活水平的提高，航空运输作为一种方便、舒适、快捷的空中交通方式，乘坐比重愈来愈大。据民航局预计，我国航空运输总周转量以年均14%高速增长，到2025年中国民航将实现运输总周转量2000亿吨公里以上，航空旅客运输量将超过8.7亿人次，货邮运量2600万吨，旅客周转量在国家综合交通运输中的比重达到20%以上[1]，这将导致机场面临着容量不足的问题。我国《民用运输机场建设"十三五"规划中期调整方案》提出，要续建机场30个、新建机场43个、改扩建机场125个和迁建机场17个，但在短期内通过耗时耗资对停机位、跑道、航站楼等关键资源进行新建或扩容难以解决机场资源容量的严重不足问题[2,3]。因此，在保证航班安全运行的前提下，对机场现有的有限关键资源进行优化配置与合理调度，提高关键资源利用率和机场服务水平，进而全面提升经济效益。

停机位作为机场极其稀缺和昂贵的重要资源，是实现航班快速安全停靠、保证航班之间有效衔接、提高整个机场系统容量和服务效率的一个关键因素。机场停机位分配问题是针对关键资源停机位分配的优化问题，旨在满足一定约束条件和目标要求的前提下，为每个执行航班分配适当停机位，以保证航班正常和客货的有效衔接，提高机场的服务质量。该问题具有内在的多目标、多约束和多资源理论复杂属性，且由航空公司自身原因、流量控制、天气原因等造成的不正常航班停机位再分配问题更为复杂。停机位已成为继跑道之后又一个制约机场发展的瓶颈，不合理的停机位分配，不但增加航班的延误、降低资源的利用率，造成旅客满意度的下降，而且还增加了航空公司和机场的运营成本[4,5]。因此日益增长的航空运输需求与航空运输系统容量之间的矛盾愈益突出，导致机场停机位分配问题的重要性日益凸显。由此可见，机场停机位分配问题的研究在现实中具有重要意义。

停机位静态分配只考虑了机场结构、航班数、飞机类型等确定性因素，没有考虑航班延误、航班早到、航班新增、航班取消等随机因素。而现实运行中任何停机位分配都不可避免存在动态不确定因素，如恶劣天气、飞机机械故障、空中流量控制等，都将导致航班延误，甚至航班取消。近年来，我国航班不但正常率不断降低(已低于80%)，而且平均延时也在增加(已达到60分钟)。根据不正常航班产生原因的分类统计，由航空公司自身原因造成的航班不正常达到40%以上，其次是流量控制约占 25%，天气原因约占 20%[6]。天气和流量控制导致的航班不正常并不是主要原因，也是航空公司无法控制的；而航空公司自身原因导致的航班不正常却是整个航班不正常的最大贡献者，有不少研究表明导致航班不正常的主要原因是航空公司的调度设计决策不合理造成的。某一航班的不正常可能对分配到同一停机位的其他航班造成连锁效应，甚至出现"多米诺效应"，从而导致机场停机位完全重新再分配与调度。航班停机位的改变将对操作人员、安保人员、旅客等造成广泛的影响。因此，获得具有鲁棒性的停机位分配甚至动态分配的计划，得到稳定高效的智能调度方案，不仅对机场各部门非常重要，而且还能提升旅客的服务质量，对于实现智慧机场的智能化具有重要的理论意义和实际价值。

1.2　机场停机位分配问题

停机位分配问题就是将机场每一架进港的飞机，安排到一个合适的停机位上。其中，每个停机位在同一时刻只能停靠一架允许的机型，并且每个停机位上的飞机都会执行一个到达航班和一个出发航班，这两个航班由这一架飞机来执行，这两个航班相互配对形成了一个航班对，这架飞机在此停机位上的停靠时间被称为机位占用时间。在机位占用时间内，别的飞机不能停靠在此停机位上，在这架飞机离开此停机位后，还要求在一个安全间隔时间以后，才允许将此停机位安排给另外一架飞机使用。

飞机在停机位上的主要作业活动流程图，如图 1.1 所示。

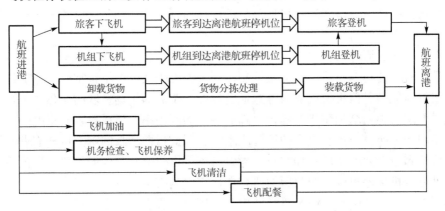

图 1.1　飞机在停机位上的主要作业活动流程图

停机位分配问题是经典分配问题的一种变形，其中停机位是被分配者，任务是待分配停机位的航班。停机位分配与经典分配的不同之处在于一些被分配者不能执行某些任务、任务比被分配者多，以及任务和被分配者的数量随时间变化等。停机位分配问题与经典分配问题的主要区别还在于经典分配问题中没有限定完成任务的准确时间段,而在停机位分配问题中,则明确规定了作为"任务"的完成时间,所以停机位分配问题比经典分配问题要更为复杂。

1.3 停机位分配问题的研究现状

针对机场有限的停机位资源分配问题,国外学者从 20 世纪 70 年代便开始了停机位分配问题的研究,主要通过抽象和归纳停机位分配问题中的约束条件,建立其数学模型,并从数学上研究数学模型的求解。国内开展停机位分配问题的研究起步较晚,约从 2004 年起,一些专家学者才开展机场停机位分配的研究,主要采用数学规划法、分支定界法、专家系统、启发式算法等来实现停机位的分配。作为一类受人类智能、生物群体社会性或自然现象规律的启发而发展起来的群集智能优化算法,如遗传算法、粒子群优化算法、禁忌搜索算法、蚁群优化算法、差分进化算法、菌群优化算法、萤火虫算法等,具有较强的全局优化能力,已成功用于机场停机位资源的优化分配,并取得了较理想的停机位分配结果。这些年来,学术界主要集中在停机位静态分配的研究,而与实际动态环境更加密切的停机位动态分配与实时再分配的研究相对较少。下面对国内外关于机场停机位分配问题的研究现状进行分析。

1.3.1 停机位静态分配问题的研究现状

停机位静态分配问题是从 20 世纪 70 代开始研究,至今已提出关键路径法、分支定界法、整数规划法、启发式算法等研究方法。Braaksma 等[7]最早以所有旅客行走距离最小为单一目标,建立了基于关键路径法的仿真模型,以增强停机位的利用率。Babic 等[8]以旅客步行距离最短为目标构建了停机位分配模型,利用分支定界法对其求解。Mangoubi 等[9]在 Babic 模型基础上构建了以旅客步行总距离最小化的数学规划模型。针对分支定界、动态规划、线性松弛等精确算法只能分析小规模问题,提出了元启发式方法(遗传算法、禁忌搜索、模拟退火等)用于求解较大规模的停机位分配问题。Haghani 等[10]采用启发式算法求解提出的机场终端停机位分配整数规划模型。文军[11]用划分时间片算法建立了停机位分配的图论模型,将机场停机位分配问题转化为图的 K-顶点着色问题,采用遗传算法求解图的 K-顶点着色问题。冯程等[12]建立了以旅客进出机场飞行区时间最短为目标的停机位分配模型,通过沈阳桃仙国际机场实际数据设计了算法和仿真分析。Genc 等[13]建立了以停机位占用时间最大为目标的停机位分配模型,采用混合启发式算法和随机方法对其求解。Cheng 等[14]建立了基于遗传算法、禁忌搜索和模拟退火相结合的机场停机位分配方法。Kim 等[15]提出了旅客过境和飞机滑行加权最小时间的停机位分配模型,并采用遗传算法对其求解。陈前等[16]考虑到机场系统的安全运行约束,建立了避免冲突的停机位分配模型, 采用遗传算法进行求解, 验证了模型的合理性与有效性。马思思等[17]基于传统停机位指派要求和场面运行安全规定以及航空公司约束, 以滑行总距离最小为目标函数建立停机位分配模型, 采用全局求解器(global solver)进行了求解。李云鹏等[18]根据机场停机位分配的实际规则, 以最小化停机位使用数目为优化目标, 建立了停机位分配混合整数规划模型, 采用基于属性匹配的启发式算法对其进行了求解。Pternea 等[19]建立一个考虑机场的布局和航班连接的停机位分配模型, 并对其进行了求解。Zhao 等[20]以最大分配率为优化目标建立了机场停机位分配模型, 采用深度强化学习求解模型。

这些文献分析表明, 当前是以实际运营为导向的停机位分配问题研究, 主要运用启发式算法求解实际航班停机位分配问题。

1.3.2　多目标停机位分配问题的研究现状

停机位分配是一个复杂的多目标组合优化问题, 国内外一些研究者对多目标停机位分配问题进行了探讨, 多目标机位分配问题已成为近年来的研究热点。Yan 等[21]以最小化旅客行走距离和到达旅客等待时间为目标, 建立了多目标 0-1 整数规划模型, 结合变量产生法、单纯型法及分支定界法对其求解。Ding 等[22]考虑最小化未分配停机位的航班数量和旅客总计步行距离(进离港航班、转机)两个优化目标, 建立了受限停机位二次分配模型, 运用贪婪算法、模拟退火、禁忌搜索等群集智能优化算法对其求解。Drexl 等[23]考虑最小化无停机位的航班数量和旅客行走距离以及最大化航班停机位偏好为优化目标, 利用基于 Pareto 的模拟退火算法获得 Pareto 前沿优化解。杨文东等[24]以航班延误和停机位空闲时间线性总和最小为优化目标, 提出了停机位航班连结树的概念和构造方法, 利用贪婪算法对其求解。刘长有等[25]为合理分配大型繁忙机场停机位, 兼顾安全与效率, 建立了基于运行安全的停机位分配问题优化模型, 利用遗传算法对其求解。丁建立等[26]根据不同航班占用停机位的时间冲突约束, 建立了基于停机位和航班类型匹配约束的图权值停机位分配模型, 并用蚁群协调算法对其求解。Maharjan 等[27]以飞机燃油成本最小、旅客转机感受最好和转机时间最短为优化目标, 将停机位分配问题建模为网络流模型, 利用分解方法对其求解。Jiang 等[28]以所有旅客步行的距离最短和不同航线步行距离平均化为目标, 建立了多目标停机位分配模型。陈华群[29]以停机位使用数量最少, 航空器在机场滑行距离或时间最短且充分考虑机位均衡利用为目标, 建立了机场停机位分配问题的优化模型, 设计了基于蚂蚁径路搜索规则的迭代寻优算法对其求解。Yu 等[30]建立了具有稳健性、成本最小和乘客满意度的停机位分配等效 MIP 模型, 并设计了4 个不同算法对其求解。Genc 等[31]以最大化停机位分配、最小化旅客步行距离和最大化航班到登机口偏好为优化目标, 建立了多目标停机位分配模型, 采用进化单步大爆炸优化方法对其求解。Das[32]以旅客步行距离最短和地面操作最少化为优化目标，建立机场停机位分配的多目标优化模型，并对其求解。Dell'Orco 等[33]以旅客步行距离最短和远机位使用最小化为优化目标，建立机场停机位分配模型，采用模糊蜂群优化算法对其进行求解。徐思敏等[34]分析了停机位指派过程设计的利益主体，以航空公司运行成本旅客步行距离、航班冲突概率最小化以及航空公司之间的公平性最大化为目标，建立了大型机场停机位多目标指派模型，采用第二代非支配排序遗传算法对模型进行仿真验证。Seyedmirsajad 等[35]考虑直接影响机场多准则决策过程的所有资源和约束，建立了停机位三目标分配数学模型，采用第二代非支配排序遗传算法对其进行有效求解。Li 等[36]考虑到使用的停机位数量和未分配到停机位的航班数量最少，以及未换乘旅客人数最少为目标，建立了停机位分配的多目标 0-1 规划模型，采用参数优化的图着色算法对模型进行了求解。余朝军等[37]在考虑航班类型约束、飞机机体类型约束和转场时间间隔约束的基础上，以分配在固定登机口的航班数量最多、使用的固定登机口数量最少和乘客换乘紧张度最小为目标，建立了航班－停机位分配的多目标非线性 0-1 整数规划模型，并设计了一种改进型基因编码的遗传算法以提高求解效率。闫萍等[38]构建基于冲突回避的滑行道与停机位联合调度模型，并提出改进的自适应差分进化算法求解问题。方健尔等[39]针对不同的优先级建立多目标规划模型对航班进行优化分配，采用贪心算法和禁忌搜索算法，结合登机口类型、航班时间的约束，逐次对最大化分配航班问题，最小化中转旅客最短流程时间问题，最小化旅客总体紧张度问题进行建模求解。唐旭等[40]考虑了航站楼扩增对中转旅客影响，建立了综合的登机口优化调度的模型，提出基于社群联盟冲突消解原则的图着色优化算法，实现了对模型的优化，得到最佳调度方案。文笑雨等[41]针对登机口候机紧张和中转旅客航班衔接的问题，建立了多目标航班登机口调度问题的数学模型，设计最小化登机口总使用量，最小化旅客最大总步行时间的目标函数，提出了基于 NSGA-Ⅱ 的求解方法。蒋洪迅等[42]以航班-机位分配完成率、靠桥率、道口非冲突率为目标，建立了一个航班-机位指派问题的全局优化模型。

这些文献分析表明，目前以多目标优化问题建模研究为主，采用不同的群集智能优化算法(如遗传算法、模拟退火、禁忌搜索、蚁群算法、蜂群算法等)求解，以使在较短的单位时间内获得较满意的近似解。

1.3.3　具有鲁棒性的停机位分配问题研究现状

由于航空运输的特殊性，对天气、航空管制、机场设施与管理等提出了较高的要求，航班延误、延误增加甚至延误取消等是随机不可预料的。航班时刻的意外改变可能会扰乱计划好的停机位分配方案，导致飞机进入停机位时发生拥堵和延误，产生多米诺效应，从而使停机位分配问题变得更加复杂。一个良好的停机位分配问题模型和算法，应当能够具有处理动态变化以及为实时操作提供有效支持的能力，所得到的分配方案应当具有吸收航班时刻微小变化的能力。停机位静态分配问题的鲁棒性优化目标可以通过停机位空闲时间均衡分布来实现。Bolat 等[43]采用最小化闲置时间的范围和方差作为目标函数,采用启发式算法对其求解。Lim 等[44]考虑了航班进离港时间的微小变动以获得一种停机位鲁棒分配方法。Dorndorf 等[45]提出将问题建模转化为一种资源受限调度问题的停机位鲁棒分配方法。Nikulin 等[46]考虑了航班可能早到和延误,利用模糊理论获得一种停机位鲁棒分配方法。Seker 等[47]建立了四种不同的随机规划模型,结合基于航班冲突次数、空闲等待时间和缓冲时间的鲁棒性指标,利用禁忌搜索算法获得较高质量的停机位鲁棒分配方案。高菁等[48]以机位使用空闲时间均衡为目标条件,建立了规则可灵活定制的机位分配模型,并结合穷举遍历和遗传算法对其求解。Diepen 等[49]建立了基于鲁棒特性的阿姆斯特丹史基浦机场航班停机位分配模型,并对其求解。Xu 等[50]以同一停机位上连续航班之间的总实时重叠分位数最小化为目标,提出了一种鲁棒的机场停机位分配方法,并验证了方法的可行性和有效性。Yu 等[51]考虑传统费用和鲁棒性,建立了复杂的停机位分配非线性模型,设计了一种自适应大邻域搜索算法对其有效求解。杨新湟等[52]为有效降低停机位及滑行路径临时改派对整个机场运行计划造成的影响,以机场运行系统扰动最小为优化目标,结合进离场航班运行特性,建立了停机位及滑行路径临时改派双层模型。张亚平等[53]为减少飞机离港过程中调度者的工作负担,降低滑行成本及污染排放,在飞机离港过程传统 N 控制策略基础上,建立了以推出成本为目标的推出控制模型及其两种变体形式,设计了一种基于连续时间马尔科夫链的迭代优化算法。冯霞等[54]分析了航班实际到离港时间偏离计划时间的分布规律,提出了基于缓冲时间成本的停机位分配鲁棒性评价函数。在此基础上建立了以缓冲时间成本,机位—航班大小差异度和远机位数等最小为优化目标的鲁棒性停机位分配模型,设计了求解模型的禁忌搜索算法。邢志伟等[55]针对机场近机位资源紧缺及实际航班到离港时间偏离计划时间对停机位分配所造成的扰动,建立了以机位空闲时间和远机位占用时间最小为目标的鲁棒性停机位分配模型,提出了一种基于双目标的拉格朗日松弛优化算法,实现了在同机位相邻航班间加入缓冲时间的停机位分配调度方法。

上述这些文献分析表明,具有鲁棒性的停机位分配能够较好地获得稳定的近似解,是一个新兴的研究分支,得到越来越多人的关注,已经成为当前停机位分配问题研究的重点。

1.3.4 不正常航班停机位动态分配问题的研究现状

近年来,我国航班不正常率不断增加,已超过 20%,不正常航班不仅给旅客带来了诸多不便和损失,而且也给航空公司造成了巨大成本。虽然通过提高静态分配方式的鲁棒性可以有效吸收航班随机延误引起的微小扰动,但仍然难以解决实时运行环境中的严重延误问题，因此就必须考虑停机位分配的重调度，根据航班时刻和停机位状况的实时变化对停机位进行动态分配。由于不正常航班停机位分配涉及因素众多，需要考虑的限制条件复杂，属于大规模数学规划问题，求解难度极大，但还是引起了国内外学者的关注与研究。张景杰等[56]研究了航班大面积延误的停机位应急调度问题，提出远机位航班数与更换停机位航班数加权和最小为目标的整数规划模型，采用禁忌搜索算法对其求解。张晨等[57]以在同一停机位上的两相邻航班间晚点传播时间作为评价机场停机位分配服务质量的标准，建立了机场停机位分配最优化模型，利用禁忌搜索算法对其求解。Yan 等[58]对航班停机位重调度问题进行了深入研究，Yan 等分析了实际运营航班的随机延误问题，提出了基于随机模型、实时分派规则和惩罚调整方法相结合的集成模型，并对其求解。Tang 等[59]研究了因停机位短缺和航班随机延误下的实时停机位分配方法；随后又提出了一种面向航班实时延误的停机位重分配框架及优化系统[60]；建立了基于停机位暂时短缺和随机航班延误的停机位重分配模型，通过台湾桃园机场实例验证了方法的有效性[61]；Tang 等[62]最近提出一种机场专机停机分配新方法。Zhang 等[63]以最小化总航班延误、停机位重新分配次数和错过乘客连接次数的加权和最小化为目标，提出基于两种启发式算法的停机位重新分配方法。姜雨等[64]在分析场面运行机理的基础上，建立以滑行道调度模型为上层模型，以停机位再指派模型为下层模型的双层规划模型并设计遗传算法求解。

上述这些文献分析表明，现有不正常航班停机位实时分配问题主要是研究不正常航班停机位优化模型及其求解算法，实质上大部分还是对延误或其他扰动导致的"瞬时"静态停机位分配问题的研究。

1.4　本书的结构及主要内容

本书在对机场停机位分配问题进行深入剖析的基础上，对蚁群优化算法、差分进化算法、粒子群优化算法、量子进化算法等智能优化算法进行改进，并运用于机场停机位分配的若干新问题，旨在务实本领域的研究基础，为求解机场停机位分配问题提供新的有效解决思路，开辟新的研究方向。本书各章内容简介如下：

第 1 章　阐述机场停机位分配的研究背景、意义和特性，结合国内外文献综述机场停机位分配的研究现状。

第 2 章　重点介绍机场停机位分配问题、停机位分配的优化目标函数，以及求解的精确方法和近似方法。

第 3 章　在介绍蚁群优化算法的基础上，研究一种改进信息素、选择概率、信息素挥发系数的蚁群优化(PSVACO)算法，提出基于 PSVACO 算法的机场停机位分配优化方法，并验证了方法的有效性。

第 4 章　在介绍协同进化算法的基础上，研究一种自适应蚁群优化(SACO)算法，结合合作型协同进化模式，借鉴并行进化机制，研究一种新的协同进化蚁群优化(SCEACO)算法，提出基于 SCEACO 算法的机场停机位分配优化方法，实现机场停机位的有效分配。

第 5 章　在介绍差分进化算法的基础上，研究基于小波基函数和最优变异策略的差分进化(CPOMSDE)算法，提出基于 CPOMSDE 算法的机场停机位分配优化方法，并验证方法的有效性。

第 6 章　在介绍粒子群优化算法、分数阶微分和 Alpha 稳定分布理论的基础上，研究一种基于分数阶微分和 Alpha 稳定分布的自适应粒子群优化(ADFCAPO)算法，提出基于 ADFCAPO 算法的机场停机位分配优化方法，以提高停机位分配的灵活性，避免大量航班延误的发生。

第 7 章　在介绍量子进化算法的基础上，研究基于小生镜协同进化策略和改进粒子群的量子进化(NCPQEA)算法，提出基于 NCPQEA 算法的机场停机位分配优化方法，以提高机场停机位的利用率和旅客的满意度，避免机场关键资源的浪费。

第 8 章　在介绍遗传算法的基础上，研究基于遗传算法和蚁群优化的 GA-ACO 两阶段优化算法，建立以航班延误损失值和停机位再分配扰动值最小化为优化目标函数的机场延误航班停机位再分配优化模型，提出基于 GA-ACO 两阶段优化算法的机场延误航班停机位再分配优化方法，以降低机场、航空公司和旅客由航班延误所产生的损失。

1.5　本章小结

本章首先介绍了机场停机位分配的研究背景、意义，详细描述了民航机场系统、停机位分配问题的描述以及特性，对机场停机位分配中的静态分配、多目标分配、鲁棒性分配、不正常航班再分配等研究现状进行了详细综述，阐明了机场停机位分配中尚存的问题。最后介绍了本著作的结构及主要内容。

参 考 文 献

[1]　中国民用航空局. 2020 年全国民航工作会议 [EB/OL]. 2020. http://www.caac.gov.cn/ZTZL/RDZT/2020QGMHGZHY.

[2]　中国产业信息. 2019 年中国航空行业发展现状及未来发展趋势分析 [EB/OL]. 2019. http://www.chyxx.com/industry/ 201905/738068.html.

[3]　中国民用航空局. 民航局印发《民用运输机场建设"十三五"规划中期调整方案》[EB/OL].2019.

http://mini.eastday.com/bdmip/190301090614559.html.

[4]　郝睿. 机场总体规划与城市规划关系的思考[J]. 山西建筑, 2019, 45(17): 30-31.

[5]　Liang B J, Li Y L, Bi J, et al. An improved adaptive parallel genetic algorithm for the airport gate assignment problem [J]. Journal of Advanced Transportation, 2020, 8880390.

[6]　中国民用航空局. 2013 年中国民航行业年度报告. 2013.

[7]　Braaksma J P, Assoc M. Improving airport gate usage with critical path[J]. Transportation Engineering Journal, 1971, 97(2): 187-203.

[8]　Babic O, Teodorovic D, Tosic V. Aircraft stand assignment to minimize walking[J]. Journal of Transportation Engineering, 1984,10(1): 55-66.

[9]　Mangoubi R S, Dennis F X M. Optimizing gate assignments at airport terminals[J]. Transportation Science, 1985, 19(2): 173-188.

[10]　Haghani A, Chen M C. Optimizing gate assignments at airports terminals[J]. Transportation Research Part A: Policy and Practice, 1998, 32(6): 437-454.

[11]　文军. 机场停机位分配问题的遗传算法[J]. 科学技术与工程, 2010, 10(1): 135-139.

[12]　冯程, 胡明华, 赵征. 一种新的停机位分配优化模型[J].交通运输系统工程与信息, 2011, 12(1): 131-138.

[13]　Genc H M, Erol O K, Eksin I, et al. A stochastic neighborhood search approach for airport gate assignment problem[J]. Expert Systems with Applications, 2012, 39(1): 316-327.

[14]　Cheng C H, Ho S C, Kwan C L. The use of meta-heuristics for airport gate assignment[J]. Expert Systems with Applications, 2012, 39(16): 12430-12437.

[15]　Kim S H, Feron E, Clarke J P. Gate assignment to minimize passenger transit time and aircraft taxi time [J]. Journal of Guidance Control and Dynamics, 2013, 36(2): 467-475.

[16]　陈前, 乐美龙. 基于安全约束的停机位分配问题的研究[J]. 华中师范大学学报(自然科学版), 2016, 50(165): 61-66.

[17]　马思思, 唐小卫. 基于机场滑行效率提升的停机位优化分配模型[J]. 武汉理工大学学报,2018, 40(4): 24-30.

[18]　李云鹏, 张则强, 管超, 等. 停机位分配问题的整数规划模型及启发式求解方法[J]. 系统工程, 2020, 38(1): 103-112.

[19]　Pternea M, Haghani A. Mathematical models for flight-to-gate reassignment with passenger flows: State-of-the-art comparative analysis, formulation improvement, and a new multidimensional assignment model[J]. Computers and Industrial Engineering, 2018, 123: 103-118.

[20]　Zhao J M, Wu W J, Liu Z M, et al. Airport gate assignment problem with deep reinforcement learning[J]. High Technology Letters, 2020, 26(1): 102-107.

[21]　Yan S Y, Huo C M. Optimization of multiple objective gate assignment[J]. Transportation Research Part A: Policy and Practice, 2001, 35(5): 413-432.

[22] Ding H, Lim A, Rodrigues B, et al. The over-constrained airport gate assignment problem [J]. Computers & Operations Research, 2005, 32(7): 1867-1880.

[23] Drexl A, Nikulin Y. Multicriteria airport gate assignment and Pareto simulated annealing [J]. IIE Transactions, 2008, 40(4): 385-397.

[24] 杨文东, 朱金福, 许俐. 基于航班连结树的机场停机位指派问题研究[J]. 山东大学学报(工学版), 2010, 40(2): 153-158.

[25] 刘长有, 郭楠. 基于运行安全的停机位分配问题研究[J].中国安全科学学报, 2011, 21(12): 108-114.

[26] 丁建立, 李晓丽, 李全福. 基于蚁群协同算法的图权值停机位分配模型[J]. 计算机工程与科学, 2011, 33(9): 151-156.

[27] Maharjan B, Matis T I. Multi-commodity flow network model of the flight gate assignment problem[J]. Computers & Industrial Engineering, 2012, 63(4): 1135-1144.

[28] Jiang Y, Zeng L Y, Luo Y X. Multiobjective gate assignment based on passenger walking distance and fairness[J]. Mathematical Problems in Engineering, 2013, 361031.

[29] 陈华群. 基于图论和蚁群算法的机场停机位分配优化研究[J]. 科技通报, 2015, 31(10): 235-238.

[30] Yu C H, Zhang D, Lau H Y K. MIP-based heuristics for solving robust gate assignment problems[J]. Computers and Industrial Engineering, 2016, 93: 171-191.

[31] Genc H M, Erol O K, Eksin I, er al. Enhanced order based single leap big bang-big crunch optimization approach to multi-objective gate assignment problem[J]. Journal of Multiple-Valued Logic and Soft Computing, 2016, 26(3-5): 243-268.

[32] Das G S. New multi objective models for the gate assignment problem[J]. Computers and Industrial Engineering, 2017, 109: 347-356.

[33] Dell'Orco M, Marinelli M, Altieri M G. Solving the gate assignment problem through the fuzzy bee colony optimization[J]. Transportation Research Part C: Emerging Technologies, 2017, 80: 424-438.

[34] 徐思敏, 姜雨, 王欢, 等. 基于 NSGA-Ⅱ的停机位多目标指派建模与仿真[J]. 南京航空航天大学学报, 2018, 50(6): 101-106.

[35] Seyedmirsajad M, Danial T, Hamidreza A. A non-dominated sorting genetic algorithm approach for optimization of multi-objective airport gate assignment problem[J]. Transportation Research Record, 2018, 2672(23): 59-70.

[36] Li H Y, Ding X F, Lin J, et al. Study on coloring method of airport flight-gate allocation problem[J]. Journal of Mathematics in Industry, 2019, 9(1): 11.

[37] 余朝军, 江驹, 徐海燕, 等. 基于改进遗传算法的航班-登机口分配多目标优化[J]. 交通运输工程学报, 2020, 20(2): 121-130.

[38]　闫萍, 袁媛. 航班滑行路径规划和停机位分配联合优化[J]. 控制工程, 2021, 28(3): 464-470.

[39]　方健尔, 黎毅达, 汪琴, 等. 航班登机口分配问题的数学建模[J]. 数学的实践与认识, 2019, 49(16): 270-280.

[40]　唐旭, 杨雪旗, 王琪善. 考虑航站楼扩增对中转旅客影响的登机口优化调度模型[J]. 数学的实践与认识, 2019, 49(16): 253-262.

[41]　文笑雨, 孙海强, 王蒙, 等. 基于 NSGA-II 的多目标航班登机口调度研究[J]. 河南理工大学学报(自然科学版), 2020, 39(3): 122-130.

[42]　蒋洪迅, 马仁义. 面向靠桥率及道口冲突率的航班-机位指派问题优化模型及其启发式算法研究[J]. 系统科学与数学, 2021, 41(1): 75-98.

[43]　Bolat A. Models and a genetic algorithm for static aircraft-gate assignment problem[J]. Journal of the Operational Research Society, 2000, 52(10): 1107-1120.

[44]　Lim A, Rodrigues B, Zhu Y. Airport gate scheduling with time windows[J]. Artificial Intelligence Review, 2005, 24(1): 5-31.

[45]　Dorndorf U, Jaehn F, Chen L, et al. Disruption management in flight gate scheduling[J]. Statistica Neerlandica, 2007, 61(1): 92-114.

[46]　Nikulin Y, Drexl A. Theoretical aspects of multicriteria flight gate scheduling: Deterministic and fuzzy models[J]. Journal of Scheduling, 2010, 13(3): 261-280.

[47]　Seker M, Noyan N. Stochastic optimization models for the airport gate assignment problem[J]. Transportation Research Part E: Logistics and Transportation Review, 2012, 48(2): 438-459.

[48]　高菁, 杨旭东. 基于规则的机位分配问题研究[J]. 计算机科学, 2012, 39(10): 51-53, 76.

[49]　Diepen G, van den Akker J M, Hoogeveen J A, et al. Finding a robust assignment of flights to gates at Amsterdam Airport Schiphol[J]. Journal of Scheduling, 2012, 15(6): 703-715.

[50]　Xu L, Zhang C, Xiao F, et al. A robust approach to airport gate assignment with a solution-dependent uncertainty budget[J]. Transportation Research Part B: Methodological, 2017, 105: 458-478.

[51]　Yu C H, Zhang D, Lau H Y K. An adaptive large neighborhood search heuristic for solving a robust gate assignment problem[J]. Expert Systems with Applications, 2017, 84: 143-154.

[52]　杨新湟, 安琪. 基于最小扰动的停机位及滑行路径临时改派策略[J]. 武汉理工大学学报, 2017, 39(2): 23-27.

[53]　张亚平, 廉冠, 邢志伟, 等. 飞机推出控制停机位等待惩罚策略[J]. 哈尔滨工业大学学报, 2018, 50(3): 39-45.

[54]　冯霞, 王青召. 考虑缓冲时间成本的鲁棒性停机位分配[J]. 北京理工大学学报, 2019, 39(4): 384-390.

[55]　邢志伟, 乔迪, 刘洪恩, 等. 基于松弛算法的停机位分配优化方法[J]. 计算机应用, 2020, 40(6): 1850-1855.

[56] 张景杰, 陈秋双, 孙国华, 等. 基于禁忌搜索算法的停机位应急调度研究[C]. 中国控制会议, 2007: 84-88.

[57] 张晨, 郑攀, 胡思继. 基于航班间晚点传播的机场停机位分配模型及算法[J]. 吉林大学学报 (工学版), 2011, 41(6): 1603-1608.

[58] Yan S Y, Tang C H. A heuristic approach for airport gate assignments for stochastic flight delays[J]. European Journal of Operational Research, 2007, 180(2): 547-567.

[59] Tang C H. Real-time gate assignments under temporary gate shortages and stochastic flight delays[C]. IEEE International Conference on Service Operations, Logistics and Informatics, 2009: 267-271.

[60] Tang C H, Yan S Y, Hou Y Z. A gate reassignment framework for real time flight delays[J]. 4OR, 2010, 8(3): 299-318.

[61] Tang C H. A gate reassignment model for the Taiwan Taoyuan Airport under temporary gate shortages and stochastic flight delay[J]. IEEE Transactions on Systems, Man, and Cybernetics-Part A: Systems and Humans, 2011, 41(4): 637-650.

[62] Tang C H, Wang W C. Airport gate assignments for airline-specific gates[J]. Journal of Air Transport Management, 2013, 30: 10-16.

[63] Zhang D, Klabjan D. Optimization for gate re-assignment[J]. Transportation Research Part B: Methodological, 2017, 95: 260-284.

[64] 姜雨, 徐成, 蔡梦婷, 等. 基于双层规划模型的滑行道与停机位再指派联合调度[J]. 北京航空航天大学学报, 2018, 44(11): 2437-2443.

第2章 机场停机位分配问题的分析、模型与方法

本章介绍民航机场系统、机场停机位和航班特性以及机场停机位分配特性；对停机位分配问题域以及复杂网络流模型基本知识及建模进行分析，并对机场停机位分配问题的优化目标函数进行研究，讨论停机位分配问题的精确求解方法和近似求解方法。

2.1 机场停机位分配问题分析

2.1.1 民航机场系统

机场是航空运输系统中非常重要的一个组成部分，为飞机提供重要的运行环境[1]。飞机在机场内进行起降、驻留、上下旅客、装卸货物、接受地面勤务等活动。机场与飞机、通信导航设施三者共同构成了民用航空运输系统的硬件部分。设施完善、功能合理的机场在民航运输的安全可靠和高效顺畅运行中扮演着举足轻重的角色。国际民航组织(International Civil Aviation Organization，ICAO)在国际民用航空公约附件 14 卷 I《机场设计与运行》中给出的机场定义是："陆地或水面上供飞机起飞、着陆和地面活动使用的划定区域，包括各种建筑物、装置和设施。"所谓机场，就是供飞机起飞、着陆、地面滑行和停放，并为其进行航空运输提供相关地面保障的场所[2-4]。

机场分类方法多种多样，通常将机场按服务对象、航线性质和航线布局进行分类。根据服务对象，可将机场分为民用机场、军用机场、军民合用机场和通用航空机场；根据航线性质，可将机场分为国内机场和国际机场；根据航线布局，可将机场分为枢纽机场、干线机场和支线机场。机场主要有以下功能：

(1)最基本的功能是供飞机安全、有序起飞和着陆；

(2)在飞机起降前后，提供各种设施、设备，供飞机停靠分配的停机位；

(3)为旅客和货邮改变交通方式做好组织工作；

(4)提供包括飞机维修等各种技术服务，如空中交通管制、通信导航监视、航空气象、航行情报等(通常由所在机场的空管部门提供)；

(5)当飞机发生事故时，提供应急救援服务；

(6)为飞机补充燃油、食品、水及航材等，并清除废弃物；

(7)基本功能的扩展，即提供各种各样的商业服务。

民航机场系统主要包括陆侧和空侧两部分。陆侧部分包括航站楼、出入机场的地面交通系统等。航站楼又称候机楼，是为旅客上、下飞机提供各种服务，是地面交通和空中交通相结合的地方，也是机场对旅客服务的中心区域[5]。空侧部分，又称飞行区，主要包括跑道、滑行道和停机坪三部分，它是飞机活动的场所。民航机场系统的构成，如图 2.1 所示。

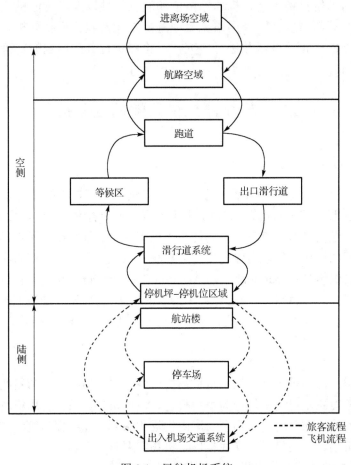

图 2.1　民航机场系统

我国采用飞行区等级数字和飞行区等级字母来描述机场飞行区对航空器的容纳能力。机场飞行区等级分类标准和字母如表 2.1 和表 2.2 所示。跑道是指陆地机场上划定的一块长方形场地，供飞机起飞和着陆使用。滑行道的作用是连接飞行区各个部分的飞机运行通路，它从机坪开始连接跑道两端，让飞机快速脱离跑道，腾出跑道空间。停机坪由一定数量的停机位以及机坪滑行道组成，是供飞机上下旅客、装卸货物、停放等使用的特定场地。

表 2.1 机场飞行区等级分类标准

飞行区等级代码	航空器基准飞行场地长度/m
1	<800
2	800~1200
3	1200~1800
4	>1800

表 2.2 机场飞行区等级字母

飞行区等级字母	翼展/m	主起落架外轮外沿间距/m
A	<15	<4.5
B	15~24	4.5~6
C	24~36	6~9
D	36~52	9~14
E	52~65	9~14
F	65~80	14~16

由于停机位与航站楼远近的不同，将停机位分为远机位和近机位。通常情况下，近机位旅客行走距离比较近，方便、快捷，通过廊桥与航站楼连接进行上下飞机。而远机位离航站楼一般较远，没有廊桥作为连接，旅客通过登机梯子进行上下飞机，还需通过摆渡车来往飞机与航站楼。因此，为航班分配停机位的时候，首先考虑近机位，然后再考虑距离较远的远机位。

2.1.2 机场停机位特性

根据停机位的定义和民航机场对停机位调度使用的业务特点，机场停机位主要包括规范标识、匹配特性、附属设施、可用状态、瞬时独占性、分时共享性、距离差异性、空间邻接关联性等特性。

1)规范标识

一般来说，机场停机位在站坪上的方位、区域都是按照一定的规则确定的，而且每个停机位都有一个唯一的编号用于标识该停机位。

2)匹配特性

不同的停机位由于其地理位置和区域大小的不同，允许停放飞机型号也是不同的。为了方便，将停机位允许机型根据飞机大小简单地划分大、中、小三种类别。这样大型停机位允许停放所有型号的飞机，中型停机位允许停放中型飞机和小型飞机，而小型停机位则只允许停放与之相对应的小型飞机。

3)距离特性

按照离航站楼远近来分，离航站楼较近的停机位旅客登机距离较短，登机过程比较便利，称之为近机位；反之则称为远机位。

4) 附属设施

包括登机廊桥、加油管道等附着在停机位上的设施设备。其中机场远机位还需要转运车、登机梯子等来配合旅客上下飞机。

5) 可用状态特性

表示停机位在某个时段能否使用的状态。如果在某段时间内该停机位被占用，则这个停机位在这段时间内的可用状态为不可用，否则是可用状态。

6) 瞬时独占特性

一个停机位在任何时刻最多只能被一架飞机所独占，这个属性说明飞机对停机位的占用具有排他特性。

7) 分时共享特性

一个停机位可以在不相重叠的时间段内被多架飞机分别占用的分时共享性。

8) 距离差异特性

在旅客转机时，前一航段的飞机所停放的停机位和后一航段飞机所停放的停机位组成一个停机位对，旅客在这两个停机位之间移动所跨越的距离称为这个停机位对的距离。一般而言，不同停机位对的距离是不相同的。

2.1.3　机场航班特性

航班是指按照预先制定的计划，在特定时间执行特定航空运输任务的飞机及航线的总和。根据航班的定义，结合民航运输业航班管理和运营的特点，航班特性主要包括航班号、航线、飞机类型、计划、时序性、随机性、专一性和动态特征等。

1) 航班号特性

航班号是该航班的唯一标识代码，同时航班号也标识这个航班属于哪家航空公司。

2) 航线特性

机场决定航班属于出发航线或者到达航线。出发和到达航线的航班号对往返航班是不同的，但对于过站航班是相同的。每一个航线都有不同的属性，其中包括国内或者是国际航班、航班数据、出发或到达时间等。其中最重要的两个参数是出发时间或到达时间以及地面停留时间，出发时间或到达时间直接影响航班时刻表及顺序。

3) 飞机类型特性

通常情况下将飞机型号分为三个等级。第一等级是根据飞机的外部特征，按机身宽度划分可分为窄体和宽体。第二等级是按照飞机型号的细节划分，如波音 767、波音 737、空客 320 等都为窄体。从机场的航班数据显示，目前大部分飞机属于窄体，宽体飞机较少。按照最高的第三等级划分，要考虑飞机更详细的特征，例如波音 747-400 代表波音 747 飞机中的一种特殊型号。

4) 计划特性

航班在执行前，其各个属性一般都是确定的，并且形成计划，通报到各相关机构，航班的这种特性称为航班的计划性。

5) 时序特性

每一航班都有一个起飞时间和一个降落时间，并且起飞时间一定会比降落时间要早，这样的时间设计才能保证有时间间隔用于执行此航班。

6) 随机特性

虽然每个航班都是计划好的，但是由于一些不可预测因素的影响，如天气原因引起的航班取消和延误等，因此航班的执行有许多不确定性。

7) 专一特性

在正常情况下，一个航班只能而且必须占用一个停机位。航班的这种特性称为航班的停机位专一性。

8) 动态特性

动态特性是指机场在运营过程中，根据其实际运作中的各种随机因素，对航班计划进行调整、修改和充实相关信息后形成的动态航班计划。因而，动态航班是已经执行的航班、正在执行的航班以及未执行的航班的集合。

目前我国民航有很多不同型号的飞机，这里按照大小大致分为四类：重型机、大型机、中型机以及小型机。小型机是载 100 人以下，目前很少使用到；中型机是在 100~200 人之间；大型机是达到 200 人以上，重型机是在 400 人以上，如表 2.3 所示。

表 2.3　常见机型划分

飞机分类	最大起飞重量(MTOW,lb)	平均载客量
中型机	MTOW≤300000	150
大型机	300000<MTOW≤600000	250
重型机	600000<MTOW	400

2.1.4　机场停机位分配特性

停机位分配就是给每一架进港飞机分配一个合适的停机位。通常，停机位分配问题具有以下特性：

1) 多约束性

停机位分配过程的决策约束条件主要包括保障资源方面的约束、飞机和航空公司方面的约束、天气等随机因素构成的约束等，并且这些约束条件经常相互影响，呈现复杂的非线性关系。

2) 计算复杂性

停机位分配是一个在若干等式和不等式约束条件下的复杂优化问题，从计算时间复杂度来看是一个具有 NP-hard 特性的问题。随着航班分配规模的增大，停机位分配问题可行解的数量呈指数级增加。如果再加入其他评价指标，并考虑环境随机因素，停机位分配问题的复杂程度更为复杂。所以需要了解停机位分配计算复杂度，才能有针对性地设计算法，进而提高优化效率。算法时间和空间复杂性对计算机的求解能力有重大影响。问题时间复杂性是指求解该问题的所有算法中最小的时间复杂性，对问题空间复杂性也可以做类似定义。算法或问题的复杂性一般表示为问题规模 n 的函数，时间复杂度记为 $T(n)$，空间复杂性记为 $S(n)$。在算法分析和设计中，沿用实用性的复杂性概念，即把求解问题的关键操作(如加、减、乘、比较等运算)指定为基本操作，而把算法执行基本操作的次数定义为算法的时间复杂性，算法执行期间占用的存储单元则定义为算法的空间复杂性。在分析复杂性时，可以求出算法的复杂性函数 $P(n)$，也可以用复杂性函数主要项的阶 $O(P(n))$ 来表示。

3) 多目标性

停机位分配问题是为执行特定航班的飞机分配适当的停机位，分配目标往往形式多样、种类繁多。如提升乘客满意度的旅客步行总距离最小化、旅客总步行时间最小化、旅客等待时间最小化等为优化目标；提升机位分配方式的鲁棒性一般以停机位空闲时间均衡即停机位空闲时的方差最小化，以应对机场实际运行过程中由恶劣天气、机械故障、流量控制等因素造成航班的随机延误对其他航班的起降造成影响最小化为优化目标；提升近机位资源利用率最大化、航班靠桥率最大化等为优化目标。因此，这些停机位分配过程中的优化目标经常呈现多样性。在不同情况下对这些优化目标强调的侧重点不同，并且这些优化目标有时还存在冲突，因而在停机位分配决策中经常要对不同优化目标进行统筹考虑。

4) 多态性

一次停机位分配，经常具有多个可选择的分配决策。一个时段内的连续多次停机位分配，经常可以形成多个可行的分配策略。

2.1.5　机场停机位分配规则

机场停机位分配是指根据航班的机型属性，为每一个航班指定一个具体的停机位，包含到达开始使用停机位的时刻和离开结束使用停机位的时刻。其分配的基本规则主要有以下几方面：

(1)以安全、高效、优质服务为目的，最大限度地利用停机位和登机桥的有限资源，对各航空公司的飞机提供方便、快捷、优质的服务。

(2)停机位分配由机场运行管理中心统一调度、协调和指挥。

(3)专机优先分配停机位，其次是 VIP 航班，然后是普通航班，最后是训练机。

　　(4)在机型符合要求的条件下,大型机优先分配机位,然后是中型机,最后是小型机。

　　(5)国际航班优先分配停机位,然后是国内航班,最后是地区航班。

　　(6)考虑停机位空闲时间,优先安排使用主停机位,最后考虑备用停机位。

　　(7)对于停机位的使用,根据飞机机型的不同,其停场时间也不同。

　　(8)同一停机位上一航班的实际离港时间与其紧邻的下一航班的实际进港时间的间隔必须大于规定的安全间隔时间。

　　(9)飞机停靠和起飞时间间隔若比较短,则应该保持相同停机位,方便地勤人员的保障工作;停靠时间若较长,则可要求它驶离原停机位,以保证其他航班能有效使用该停机位(一般为近机位)。

　　(10)飞机起飞后立即释放停机位。

　　(11)当部分航班延误时,只需经过较少量调整就能够得到新的停机位分配结果。

2.1.6　机场停机位分配约束条件

　　机场停机位分配需要考虑的约束条件有很多,具体到每个机场,每个机场的决策不同,侧重点不同,从机场效益和乘客需求角度出发,可以将机场停机位分配的约束条件概括如下[6,7]:

　　(1)航班在降落机场前必须被分配一个合适的停机位,并且有且仅有一个停机位与之对应。

　　(2)在同一时间段,同一个停机位要避免出现两个航班冲突的情况。

　　(3)飞机最短地面服务时间要高于航班停靠在停机位时间,即为飞机停靠某停机位从开始到结束的时间要充裕。

　　(4)相邻航班安全间隔期的约束。后面一个航班需要进到前一个航班的停机位,两个航班之间要有充裕的时间间隔,来保证飞机不发生拥堵和碰撞的事故。

　　(5)由于飞机的型号有大小之分,实际机场的停机位也相应分为大中小型停机位,其中大型飞机只能停靠在大型停机位上,也就是说,中型和小型机位不能用来停靠大型飞机,只能是与之对应的飞机,而中小型飞机却能够停靠在大型停机位上。

　　(6)根据航班飞行任务,确定指派优先级别。通常停机位指派的优先级为:正班航班优先于加班航班,加班航班优先于补班航班或公务机,客机优先于货机。

　　(7)根据转场前后航班的航线性质,确定航班优先级别。通常停机位指派的优先级从高到低依次为:国际转国际、国际转国内、国内转国际、国内转国内。

　　(8)相邻停机位停靠约束。为了保证飞机停靠的安全,不同机型之间的最短安全间隔距离不同。某些停机位在停靠大机型航班时,为避免发生意外,其邻近机位对停靠的机型有一定限制,根据国际航协(IATA)的规定,B 类飞机间的最短安全距离为 3 米,C 类飞机间的最短安全距离为 4.5 米,D、E、F 类飞机间的最短安全距离为 7.5 米。

(9)航班过夜约束，此时停机位指派不仅要考虑当天的到港情况，还要考虑次日出港以及地面服务和检修等情况。

(10)小型停机位合并停靠大机型约束，即当有大型航班需要停靠，机场的大型停机位没有空闲而某些相邻小型停机位有空闲时，通过合并小型停机位来停靠大型航班。

(11)飞机故障约束，即停机位分配时需根据飞机的故障类型，确定飞机停靠远机坪、维修机坪或桥位机坪，以减少故障航班占用桥位的时间。

(12)飞机维修约束，即分配停机位时考虑维修的方便。

2.1.7　机场停机位实时分配

在实际机场停机位分配过程中，停机位的分配流程大致为：先提前按照当日航班计划对停机位预分配，然后将停机位预分配情况发放给航空公司、塔台管制等部门，再按照航班实时进离港情况对预分配方案实施动态调整。整个操作流程中，停机位预分配和实时分配是最重要的两个环节，也是停机位分配员的最主要工作。

1)停机位预分配

主要任务是收集各方面信息，如航班进、离港时间，停机位信息等，根据相关的规则对这些航班进行预分配。在停机位预分配时，机场管理信息系统向机场运行部门的相关工作人员发送航班安排计划，工作人员对发来的航班计划进行修改，在这一阶段内，如果有特殊航班需要安排，如专机等，优先安排这些特殊航班，然后继续进行停机位的预分配，最后停机位分配人员将发布预分配结果信息，便于掌控。

2)停机位实时分配

停机位实时分配是在停机位预分配的基础上，将当天航空管制、天气以及其他因素综合考虑，以保证机场正常运转，飞机正常停靠，便于维护机场秩序。实施过程中尽量以停机位预分配为优先，实时分配作为辅助，起到调节作用。

2.1.8　机场停机位与航班之间关系

根据机场停机位与航班的特征分析，可知不同飞机型号的航班与停机位之间存在的空间关系、航班分配停机位是否具有特殊性要求等，都将影响到求解停机位分配问题的约束条件以及复杂性[8-10]。在此基础上，建立起机场停机位与航班之间的关联关系模型。每个航班对应唯一停机位，可以通过形式化描述方法表来描述：

$$\sum_{j \in N} x_{ij} = 1, \quad i \in K \tag{2.1}$$

其中，K 是计划期内进离港的航班集合，N 是机场可用的停机位集合。

在航班 i 抵达前(时)均在航班集合里的表达式:

$$C_i = \{z \in K \mid a_z \leq a_t \text{ and } l_v > a_t\}, \ i \in K, z \neq i \tag{2.2}$$

其中, a_t 表示航班 i 抵达时间, l_v 表示航班 i 离开时间。

2.2　停机位分配问题域的分析

2.2.1　复杂网络流模型

网络流模型是一种应用图论的理论与方法解决具有网络性质的管理决策问题的数学模型[11]。由于具有图形直观,方法简便、容易掌握的特点,网络流模型在运筹学、信息论、控制论、管理科学和计算机科学等领域,以及在工程技术、经济、军事等诸多方面都有着极其重要的应用。如在组织生产中,如何使各工序衔接好,才能使生产任务完成得既好又快;在交通网络中,如何使调运的物资数量多且费用最小等。这类问题均可借助于网络流模型得以解决。有关网络流模型的一些基本概念和定义如下:

1)有向网络

在有向图 $N = (V, E)$ 中,指定顶点集 V 中的一点称作源点(记为 v_s),另一点称作汇点(记为 v_t),其余的点称作中间点,在弧集 E 中,每条弧 (v_i, v_j) 都对应一个弧的容量,用正整数 $c(v_i, v_j) \geq 0$ (简写为 $c_{i,j}$)表示,则赋权有向图,一个有向网络表示为:

$$N = (V, E, c, v_s, v_t) \tag{2.3}$$

2)网络流

网络流就是实际通过给定有向网络的流量集,在弧集合 E 上定义一个函数 $f = f\{(v_i, v_j)\}$,则通过弧 (v_i, v_j) 的物运量 $f(v_i, v_j)$(简记为 $f_{i,j}$)称为通过弧 (v_i, v_j) 的流量,所有弧上流量的集 $F = \{f_{i,j}\}$ 称为该有向网络的一个流。由于有向网络中各弧容量的配置可能不协调,实际通过各弧的流量 $f_{i,j}$ 不可能处处都达到容量值 $c_{i,j}$。

3)可行流

给定的有向网络中,当网络中的流量满足守恒条件时,即对源点汇点来说:源点的总流出量等于汇点的总流入量;对中间点来说,中间点的总流出量等于总流入量。满足以上条件的网络流 $\{f_{i,j}\}$ 称为可行流。

4)最大流

在网络 N 中,找到一个可行流 $f^* = \{f_{i,j}\}$,使得网络源点到汇点的总流量达到最大,则 f^* 称为最大流。

5) 总费用

在网络 N 中，定义网络上单位流的费用为 $b_{i,j} \geq 0$，则总费用为 $b_{i,j}$ 与总流量的乘积。求使总费用最小且流量最大的问题就是最小费用最大流问题。

2.2.2　假设条件

为了使复杂网络流模型能够客观的反映机场停机位分配的整个过程，假设了以下几个条件：

1) 假设容量满足

机场的航班量和时间分布保持在机场容量许可范围内，即在任何时刻，总可以为任意一个航班分配一个停机位，尽管不是最优但一定是可行的。

2) 假设信息完备

在某一个工作日开始之前，制定决策所必需的航班计划、机场资源等信息是完备的和已知的。

3) 假设有限时段

停机位分配是一个动态连续的过程，前一个状态会传递影响后一个状态，理论上不可能求出最优解，但在一个具体的考察时段内，此问题所涉及状态是有限的，可以求得最优解，因此我们提出此假设。

4) 假设航班规范

由于航班具有匹配特性，对于每一个进港航班，都有一个离港的航班与其进行配对，这两个相互匹配的航班组成一对配对航班，用同一架飞机来执行，这两个配对航班又可以叫作航班对。这个航班对所占用停机位的时间叫作机位占用时间，因此在建立模型时，需要分配停机位的对象就变成了航班对，也就是在为航班对分配停机位。为了研究方便，假设这一对配对航班用一个航班号来表示。

5) 假设机型类别

根据国际民航组织的规定，现在国际通用的机型分类有六种，前面已经对机型分类进行了较详尽的描述，但是为了研究方便，我们假定将所研究问题的机型分为大、中、小三类，在此基础上研究机场停机位分配的问题。

6) 假设机位使用效率

对于每一个航班对，停机位使用效率的大小由航班对所使用的机型来决定，假定大型机停靠大型机位效率比中型机停靠要高，并且以此类推。

7) 假设安全时间间隔

同一停机位的两个相邻航班对之间，必须要有一定的时间间隔，这个时间间隔被称为安全时间间隔。为了研究的方便，假设这个时间间隔为一个固定值。

2.2.3　数据定义

模型中各个数据的说明如下：

假设研究的机场有 M 个停机位，由 N 个航班对来机场停留，其中 $M < N$；JW 表示机场空闲的停机位的集合，HB 表示待分配的航班对的集合，JW = $\{g_j \mid 0 < j < M, j \in Z\}$，HB = $\{h_i \mid 0 < i < N, i \in Z\}$，$Z$ 是整数，其他参数定义如下：

X_{ij} 为将航班对 i 分配给停机位 j，成功分配为 1，否则则为 0；

C_i 为航班对 i 上乘坐的旅客数；

D_j 为第 j 个停机位与航站楼之间的距离；

$S_{i,j}$ 为同一个停机位上相邻两个航班的时间间隔；

JX_i 为第 i 个航班对的飞机型号；

JG_j 为第 j 个停机位可以停留的飞机大小的集合；

$B_{i,j}$ 为航班对 i 预计开进停机位 j 的时间，$L_{i,j}$ 为航班对 i 打算离开停机位 j 的时间；

ST 为相邻两航班的安全时间间隔；

G_i 为航班是否在停机位上停留的意思，当将航班 i 分配该停机位的时候，G_i 为 1，否则 G_i 为 0。

2.2.4　复杂网络流模型构建

通过对机场停机位和航班特征、停机位分配工作流程、相关时间参数以及停机位分配影响因素等的综合分析，利用网络图模型描述和分析机场停机位分配问题，构建了没有考虑复杂约束条件下的机场停机位分配问题的复杂网络流模型[12]，见图 2.2 所示。

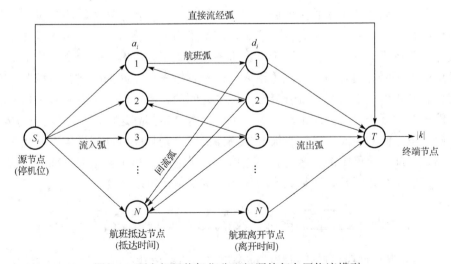

图 2.2　面向机场停机位分配问题的复杂网络流模型

在构建面向机场停机位分配问题的复杂网络流模型中，有源节点、航班抵达节点、航班离开节点以及终端节点四类基本节点，流入弧、服务弧、流出弧、反馈弧和穿过弧五类弧线。其中流入弧是连接源节点 S 到到港航班节点 (a_i) 之间的弧；服务弧是连接到港航班节点 (a_i) 到离港航班节点 (d_i) 之间的弧，它是乘客离机、加油、清洗和乘客登录等服务；流出弧是连接离岗航班节点 (d_i) 到终结点 (T) 之间的弧；反馈弧是连接离港航班节点 (d_i) 和到港节点 (a_i) 之间的弧，它只有在航班 i 的到达时刻比航班 j 的离开时刻大的时候才存在，因此定义一个指标变量如下：

$$\text{In}_{ji} = \begin{cases} 1, & \text{if}(d_j - a_i) \geqslant p, \quad \forall i \neq j \\ 0, & \text{otherwise} \end{cases} \tag{2.4}$$

其中，$\text{In}_{ji} = 1$ 表示航班 j 和 i 先后共用同一停机位，只有航班 i 的到达时刻比 j 的离开时刻至少大 p 小时；穿过弧是连接源节点 S 到终结点 T 之间的弧，即停机位 k 使用穿过弧而没有使用任何中间节点。

2.3　机场停机位分配的优化目标函数分析

对于机场停机位分配问题，目前国内外的研究大多针对某一重点关心的角度，选取单个目标作为主要研究对象，其他目标作为次要和辅助研究对象[13-15]。因此，机场停机位分配问题所涉及的最常见优化目标函数主要有以下几种[16-25]。

2.3.1　旅客总行走距离之和最短

机场重要的服务对象就是旅客，他们对机场服务的满意程度直接关系到民航的运营情况。从旅客角度来看，他们希望其从值机柜台或行李转盘等服务设施到其乘坐航班所在停机位之间的距离尽可能短。通常采用所有旅客的行走距离或转移时间以及行李搬运距离等最小化来评价机场服务的满意度。旅客行走距离与值机柜台和行李提取处等服务设施与停机位的距离，以及各停机位之间的距离直接相关。对于离港旅客是指值机柜台与其航班分配停机位之间的距离；对于进港旅客是指从航班所在停机位到行李提取处的距离；对于中转旅客是指其到达航班与出发航班所在的两个停机位之间的距离。若航班被分配到停机坪，则是停机坪到机场其他相关区域的距离。因此，航班中的旅客是由离港旅客、进港旅客和中转旅客三部分组成，则所有旅客的总行走距离之和最短作为优化目标函数，可表示为：

$$F = \min \left(\sum_{i=1}^{n} \sum_{j=1}^{m} \sum_{r=1}^{y} p_{ir} x_{ij} l_{rj} + \sum_{i=1}^{n} \sum_{j=1}^{m} \sum_{k=1}^{k} q_{ik} x_{ij} w_{kj} + \sum_{i=1}^{n} \sum_{j=1}^{m} \sum_{u=1}^{u} y_{iu} x_{ij} z_u \right) \tag{2.5}$$

其中，n 表示某时间段内航班对数；m 表示机场停机位数；r 表示机场跑道数；k 表示机场航站楼数；x_{ij} 表示航班 i 被分配到停机位 j；p_{ir} 表示航班 i 进机场时分配的跑道 r；l_{rj} 表示机场跑道 r 到停机位 j 的滑行距离；q_{ik} 表示航班 i 上的旅客经由航站楼 k 离开机场；w_{kj} 表示停机位 j 到航站楼 k 的距离；y_{iu} 表示航班 i 上的旅客有登机口 u 离开机场；z_u 表示登机口 u 与机场到达大厅的距离。

2.3.2　各停机位空闲时间最均衡

为了保证停机位的空闲时间均衡分布，当遇到一些小规模的短时间延误时，能起到缓冲的作用，只需要稍作调整就可以让航班照常运转起来。同时，也保证了各个停机位使用率的均衡，还有使工作人员和基础设备有一个比较平衡的强度和工作时间，让任务顺利进行。各个停机位空闲时间方差最小化作为优化目标函数，可表示为：

$$F = \min\left(\sum_{i=1}^{n}\sum_{j=1}^{m}S_{ij}^2 + \sum_{j=1}^{m}SS_j^2\right) \tag{2.6}$$

其中，S_{ij} 为航班 i 到达停机位 j 时此停机位的空闲时间；SS_j 表示完成所有服务后的机位空闲时间。

2.3.3　远机位停靠航班数量最少

机场近机位有登机桥，可以方便旅客上下飞机，而远机位无登机桥，需要用摆渡车接送旅客，这会给旅客带来不便，增加机场运营成本，降低机场运行效率。远机位停靠航班数量最少化作为优化目标函数，可表示为：

$$F = \min\sum_{i=1}^{n}G_i \tag{2.7}$$

其中，G_i 表示航班是否停靠在远机位，仅当航班 i 被分配到远机位时，G_i 值是 1，否则为 0。

2.3.4　停机位占用效率最大

停机位的时间和空间占用率是用来描述停机位的实际利用率的两个指标。提高停机位的实际利用率就能提高停机位的实际占用效率。因此，停机位占用效率最大化作为优化目标函数，可表示为：

$$F = \min\left(-\sum_{k=1}^{n}n_k\rho_k\phi_k\lambda_k\right) \tag{2.8}$$

时间效率指数：

$$\rho_k = \frac{\sum_{i=1}^{n}\left(t_{ik}^{d} - t_{ik}^{a}\right) \cdot y_{ik}}{1440} \tag{2.9}$$

空间效率指数：

$$\phi_k = \frac{\sum_{i=1}^{n} c_{ai} \cdot y_{ik}}{\sum_{i=1}^{n} c_{gk} \cdot y_{ik}} \tag{2.10}$$

停机位服务的当日航班数：

$$n_k = \sum_{i=1}^{n} y_{ik} \tag{2.11}$$

停机位距离指数，表示停机位平均距离中的最小值与停机位到其他停机位平均距离之间的比值：

$$\lambda_k = \frac{\min(\overline{d_k})}{\overline{d_k}} \tag{2.12}$$

2.3.5　航班-机位匹配差异度最小

停机位分配过程中，大型停机位可以停放大、中、小机型；中型停机位可以停放中、小机型；小型停机位只能停放小机型。原则上应尽量分配其允许的最大机型到相应停机位。这是因为大型停机位停放小机型，一方面会造成停机位空间浪费，另一方面引发其他临时调整的大机型找不到合适的停机位。因此，航班-机位匹配差异度最小化作为优化目标函数，可表示为：

$$F = \min \sum_{i=1}^{n} \sum_{k=1}^{p} \rho_{ik} y_{ik} \tag{2.13}$$

其中，$\rho_{ik} = \mathrm{maxSize}(g_k) - \mathrm{size}(f_i) / \mathrm{biggestGateSize}$，$\mathrm{maxSize}(g_k)$ 表示停机位 k 所能停放的最大机型，$\mathrm{size}(f_i)$ 表示航班 i 对应的机型，$\mathrm{biggestGateSize}$ 表示最大停机位。

2.3.6　飞机地面滑行油耗最小

航班在起飞滑行和着陆滑行的过程中，会产生大量的滑行油耗，减少滑行消耗可以提高航空公司的经济效益，有利于机场规划出更合理的滑行路线来提高停机位的利用率。因此，飞机地面滑行平均油耗最小化作为优化目标函数，可表示为：

$$F = \min \sum_{i=1}^{n} \sum_{j=1}^{m} \sum_{r=1}^{r} \left(\frac{h_{rj} z_{ir} y_{ij} + q_{jr} z_{ir} y_{ij}}{\overline{v}} \right) \times \mathrm{Cost}_i \tag{2.14}$$

其中，h_{rj} 表示进港航班从降落跑道 r 到机位 j 滑行的距离；q_{jr} 示离港航班从机位 j 到起飞跑道 r 的滑行距离；y_{ij} 为 0-1 变量，如果第 i 个航班停放在第 j 个机位上时为 1，否则为 0；z_{ir} 为 0-1 变量，如果航班 i 从跑道 r 降落或者起飞时为 1，否则为 0；$\bar{v}$ 表示航班在滑行道上的平均滑行速度；Cost_i 表示第 i 个航班所对应航班机型每分钟耗油量。

2.4　停机位分配问题的研究方法

停机位分配问题最基本的特点就是变量是离散的，由此导致其数学模型中的目标函数和约束条件在其可行域内也是离散的。这类问题在理论上多数都属于 NP-hard 问题，该问题仍属于可计算问题，即存在相应方法来求解。目前，求解机场停机位分配问题方法分为精确求解方法和近似求解方法两类。

2.4.1　精确求解方法

常用的机场停机位分配问题精确求解方法主要有动态规划方法、分支定界方法和枚举方法等传统方法。这类求解方法直接利用数学解析求解，或者进行迭代求解。直接求解采用计算目标函数的一次二次偏导或进行枚举，这些方法的数学理论比较完备，但是如果遇到函数不连续、不可导的情况则无能为力，因此基本上不能解决不连续、不可导问题及大规模问题。精确求解方法可以保证找到问题的最优解，而且事实已经证明对于任何规模有限的组合优化问题实例来说，都可以在一个与问题有关的运行时间内得到最优解[26-28]。对于 NP-Hard 问题，在最差情况下精确求解方法需要指数级的时间来寻找最优解。近年来，对确定型算法进行了不断的改进，对于某些特定问题，精确求解方法有时候还是可以得到相当好的解。但对于大多数的 NP-Hard 问题来说，当规模扩大后，由于组合的可行解数目呈指数函数增长，其计算复杂性是很高的，采用精确求解方法在求解大规模问题时不可避免地会遇到维数灾难，精确求解方法的性能还是不尽如人意的[29-33]。因此，精确求解方法只能解决一些小规模问题，当求解小规模停机位分配问题时可以用这类精确求解方法在较短的时间内得到最优解。当求解大规模停机位分配问题时，理论上可以得到该问题的最优解，但由于计算量太大，所以使用精确求解方法并不可行。利用精确求解方法求解机场停机位分配问题时，即使能得到问题的最优解，但所需要的计算时间过长，在实际工程问题中难以直接应用。

2.4.2　近似求解方法

近似求解方法是指在合理的计算时间内找到一个问题的近似最优解。近似求解方法虽然求解速度较快，但并不能保证得到问题的全局最优解。近似求解方法分为基于数学规划的近似求解算法、启发式求解算法和基于智能优化的近似求解算法。

1) 基于数学规划的近似求解方法

这类近似求解方法是根据对问题建立的数学规划模型，运用如拉格朗日松弛、列生成等算法以获得问题的近似解，是以数学模型为基础，采用列生成、拉格朗日松弛和状态空间松弛等理论和方法求解问题[34-39]。

拉格朗日松弛(Lagrangian relaxation，LR)算法求解问题的主要思想是分解和协调。首先对于 NP-hard 优化问题，其数学模型须具有可分离性。通过使用拉格朗日乘子向量将模型中复杂的耦合约束引入目标函数，使耦合约束解除，形成松弛问题，从而分解为一些相互独立易于求解的子问题，设计有效的算法求得所有子问题的最优解。利用乘子的迭代更新来实现子问题解的协调。列生成(column generation，CG)算法是一种已经被认可的成功用于求解大规模线性规划、整数规划及混合整数规划问题的算法。

与智能优化算法相比，基于数学规划的近似求解方法的优点是通过建立问题的数学模型，松弛模型中难解的耦合约束或整数约束，得到松弛问题的最优解可以为原问题提供一个下界。同时，数学规划的近似求解方法还具有很好的自我评价功能，通过方法运行给出问题的近似解(或最优解)为原问题提供一个上界，上界与下界进行比较，可以衡量方法的性能。

2) 启发式求解算法

启发式算法是一类算法概念的集合，可以用来定义应用于一个大范围内不同问题的各种启发式方法[40-42]。它用来指导潜在与问题有关的方法朝着可能含有高质量解的搜索空间进行搜索。这类近似求解方法是根据求解问题的特点，按照人们经验或者某种规则设计的。这是一种构造式算法，比较直观、快速，利用问题的知识设计求解方法的步骤，相对简单，这类近似求解方法的求解速度较快，但所得解的质量不一定好[43,44]。

3) 基于智能优化的近似求解方法

这类近似求解方法是基于一定的优化搜索机制，并具有全局优化性能。这类智能优化算法主要有：模拟退火算法、遗传算法、蚁群优化算法、粒子群优化算法、差分进化算法、路径重连算法、迭代局部搜索算法、禁忌搜索算法、分散搜索算法、蜂群优化算法、猴群优化算法、花粉优化算法等，这些算法也称为超启发式算法[45-55]。

智能优化算法是一种通用的算法框架，只要根据具体问题特点，对这类算法框架进行局部修改，就可以直接应用于解决不同的优化问题。这类算法本身不局限于某个框架，具有实践的通用性，适应于求解工业实际问题，能较快地处理大规模问题的同时得到令人满意的解。基于智能优化的近似求解方法，采用不同的搜索策略和优化机制，寻求问题的近似最优解，具有很好的求解优势。

2.5　多目标优化问题描述

实际工程问题大多具有多个目标且需要同时满足，即在同一问题模型中同时存在几个非线性目标，而这些目标函数需要同时进行优化处理，并且这些目标又往往是互相冲突的，称这类问题为多目标规划问题。

机场停机位分配问题，通常情况下一些单目标是互相影响甚至冲突的。如有一个单目标是停机位的航班占有率最高，要求更多的航班停留，可以让机场容纳更多的航班，但同时会有其他一些情况出现，比如天气等原因，会有航班的延误现象出现，这时，如果机场目前停留了更多的飞机，就会有更大的麻烦出现。于是，还增加了一个单目标使停机位均衡使用，尽量增大间隔时间，使延误对后续航班的影响减少。

总体来说，单目标之间互相有矛盾，但各有各的实际需求和意义。因此，必须要有所侧重，有主有次，再给每个目标分上一定的权重，让结果尽可能照顾到每个方面以及每方利益。因此，需要建立多目标优化模型来发挥每个优化目标的作用。

2.6　本　章　小　结

本章首先介绍了机场停机位分配问题描述，包括机场航班和停机位特性、机场停机位与航班之间的关系，介绍了停机位分配问题域以及复杂网络流模型基本知识，构建了面向机场停机位分配问题的复杂网络流模型，讨论了假设条件和数据定义。详细分析了旅客总行走距离之和最短、各停机位空闲时间均衡分布、远机位停靠航班数量最少、停机位占用效率最大、航班——机位匹配差异度最小、飞机地面滑行油耗最少等机场停机位分配问题的优化目标函数，讨论了停机位分配问题研究的精确求解方法和近似求解方法，描述了多目标优化问题。

参　考　文　献

[1]　汪涨, 周慧艳. 机场运营管理[M]. 北京: 清华大学出版社, 2018.

[2]　何蕾, 王益友. 民航机场地面服务[M]. 北京: 化学工业出版社, 2020.

[3]　曾小舟. 机场运行管理[M]. 北京: 科学出版社, 2019.

[4]　陈文华. 民用机场运营与管理[M]. 北京: 清华大学出版社, 2019.

[5]　罗伯特·霍隆杰夫, 佛兰西斯·马卡维. 机场规划与设计[M]. 吴问涛译. 上海: 同济大学出版社, 1987.

[6] 熊杰. 枢纽机场近机位分配及其容量计算理论研究[D]. 北京：北京交通大学, 2008.

[7] 吴刚.基于枢纽机场的机场群协作运行与管理关键理论与方法研究[D]. 南京：南京航空航天大学, 2015.

[8] 李倩雯. 机场停机位优化分配模型构建[D]. 北京：北京交通大学, 2018.

[9] 王璐, 刘明, 刘荣凡, 等. 考虑乘客满意度的双目标机位分配问题[J]. 计算机应用, 2018, 38(S1): 13-15, 43.

[10] 李云鹏, 张则强, 管超, 等. 停机位分配问题的整数规划模型及启发式求解方法[J]. 系统工程, 2020, 38(1): 103-112.

[11] 刘芳, 宫华, 孙文娟, 等. 基于网络流理论的停机位实时再分配模型[J]. 沈阳工业大学学报, 2019, 41(1): 79-84.

[12] Deng W, Zhao H M, Yang X H, et al. Research on a robust multi-objective optimization model of gate assignment for hub airport[J]. Transportation Letters, 2018, 10(4): 229-241.

[13] 邢志伟, 乔迪, 刘洪恩, 等. 基于松弛算法的停机位分配优化方法[J]. 计算机应用, 2020, 40(6): 1850-1855.

[14] 冯霞, 王青召. 考虑缓冲时间成本的鲁棒性停机位分配[J]. 北京理工大学学报, 2019, 39(4): 384-390.

[15] 徐思敏, 姜雨, 王欢, 等. 基于 NSGA-II 的停机位多目标指派建模与仿真[J]. 南京航空航天大学学报, 2018, 50(6): 101-106.

[16] 马思思, 唐小卫. 基于机场滑行效率提升的停机位优化分配模型[J]. 武汉理工大学学报, 2018, 40(4): 24-30.

[17] 郑攀. 民用机场停机位分配问题优化模型与算法的研究[D]. 北京：北京交通大学, 2011.

[18] 乐美龙, 檀财茂. 机场停机位实时分配研究[J]. 科学技术与工程, 2014, 14(13): 291-295.

[19] 王岩华, 朱金福, 朱博, 等. 基于混合集合规划的机位分配约束规划模型[J]. 航空计算技术, 2014, 44(6): 18-21.

[20] Prem K V, Bierlaire M. Multi-objective airport gate assignment problem in planning and operations[J]. Journal of Advanced Transportation, 2014, 48(7): 902-926.

[21] Mokhtarimousavi S, Talebi D, Asgari H. A non-dominated sorting genetic algorithm approach for optimization of multi-objective airport gate assignment problem[J]. Transportation Research Record, 2018, 2672(23): 59-70.

[22] Zhang D, Klabjan D. Optimization for gate re-assignment[J]. Transportation Research Part B: Methodological, 2017, 95: 260-284.

[23] Xiao M, Chien S, Schonfeld P, et al. Optimizing flight equencing and gate assignment considering terminal configuration and walking time[J]. Journal of Air Transport Management, 2020, 86, 101816.

[24] Ng K K H, Lee C K M, Chan F T S, et al. Review on meta-heuristics approaches for airside

operation research[J]. Applied Soft Computing, 2018, 66: 104-133.

[25] Das G S, Gzara F, Stutzle T. A review on airport gate assignment problems: Single versus multi objective approaches[J]. OMEGA-International Journal of Management Science, 2020, 92, UNSP 102146.

[26] 李波, 曹浪财, 庄进发. 交互式动态影响图及其精确求解算法[J]. 解放军理工大学学报(自然科学版), 2011, 12(2): 119-124.

[27] 曹夏夏, 唐加福, 刘黎黎. 基于集划分的精确算法求解机场接送车辆调度问题[J]. 系统工程理论与实践, 2013, 33(7): 1682-1689.

[28] 王璐, 张小宁, 孙智慧, 等. 精确求解进港飞机调度双目标优化问题的 epsilon 约束算法[J]. 计算机科学, 2017(S2): 580-582.

[29] 陈小彪, 薛小维. 非精确求解凸规划的部分交替方向算法[J]. 四川大学学报(自然科学版), 2015, 52(4): 736-740.

[30] 王珂, 杨艳, 周建. 基于在险价值的物流网络规划模糊两阶段模型与精确求解方法[J]. 运筹与管理, 2020, 29(2): 88-96.

[31] 蒋洪迅, 王晓彤, 王珏, 等. 考虑技术突破与技术升级的能力规划问题研究[J]. 系统工程理论与实践, 2019, 39(3): 735-748.

[32] Li C, Jiang P, Zhou A. Rigorous solution of slope stability under seismic action[J]. Computers and Geotechnics, 2019, 109:99-107.

[33] Adams A, Shah N, Stephenson R. An approach to accurate computed tomography imaging interpretation in penetrating neck trauma[J]. Acta Radiologica Open, 2020, DOI:10.1177/2058460120938742.

[34] Jenni K, Satria M, Mohd S, et al. Accurate computing of facial expression recognition using a hybrid feature extraction technique[J]. The Journal of Supercomputing, 2020, 77(11): 1-26.

[35] 任爱红, 王宇平. 求解半向量双层规划问题的精确罚函数法[J]. 系统工程理论与实践, 2014, 34(4): 910-916

[36] 潘青飞, 王效俐. 逼近精确罚函数法求解单阶段随机规划[J]. 同济大学学报(自然科学版), 2010, 38(10): 1564-1567.

[37] 陈小彪, 李耿华, 张玫玉. 一种部分非精确求解可分离凸优化问题的渐近点算法[J]. 四川大学学报(自然科学版), 2019, 56(1): 8-12.

[38] 杨媛, 钱斌, 胡蓉, 等. 精确动态规划算法求解绿色单机调度问题[J]. 控制与决策, 2020. Doi：10.13195/j.kzyjc.2019.1710.

[39] 贺毅朝, 王熙照, 李文斌, 等. 求解随机时变背包问题的精确算法与进化算法[J]. 软件学报, 2017, 28(2): 185-202.

[40] 冷龙龙, 赵燕伟, 蒋海青, 等. 求解物流配送同时取送货低碳选址——路径问题的量子超启发式算法[J]. 计算机集成制造系统, 2020, 26(3): 815-827.

[41] 樊亚新, 朱欣焰, 呙维, 等. 边界约束最大 p 区域问题及其启发式算法[J]. 武汉大学学报(信息科学版), 2019, 44(6): 859-865.

[42] 王磊, 聂兰顺, 战德臣, 等. 求解任务可拆分多项目协同调度问题的启发式算法[J]. 控制与决策, 2017, 32(6): 1013-1018.

[43] 李亚志, 朱夏. 基于插入-分段的无等待流水作业调度复合启发式算法[J]. 东南大学学报(自然科学版), 2013, 43(3): 483-488.

[44] Ornek M A, Ozturk C, Sugut I. Integer and constraint programming model formulations for flight-gate assignment problem[J]. Operational Research, 2020. DOI:10.1007/s12351-020-00563-9.

[45] Zhou Y Q, Zhang J Z, Yang X, et al. Optimal reactive power dispatch using water wave optimization algorithm[J]. Operational Research, 2020, 20(4): 2537-2553.

[46] Wang P C, Zhou Y Q, Luo Q F, et al. Complex-valued encoding metaheuristic optimization algorithm: A comprehensive survey[J]. Neurocomputing, 2020, 407: 313-342.

[47] Bagamanova M, Mota M M. A multi-objective optimization with a delay-aware component for airport stand allocation[J]. Journal of Air Transport Management, 2020, 83: 101757.

[48] Zheng S, Yang Z, He Z W, et al. Hybrid simulated annealing and reduced variable neighborhood search for an aircraft scheduling and parking problem[J]. International Journal of Production Research, 2020, 58(9): 2626-2646.

[49] Niu Y B, Zhou Y Q, Luo Q F. Optimize star sensor calibration based on integrated modeling with hybrid WOA-LM algorithm[J]. Journal of Intelligent & Fuzzy Systems, 2020, 38(3): 2683-2691.

[50] Zhou Y Q, Zhang S L, Luo Q F, et al. CCEO: Cultural cognitive evolution optimization algorithm[J]. Soft Computing, 2019, 23(23): 12561-12583.

[51] Cecen R K. Multi-objective optimization model for airport gate assignment problem [J]. Aircraft Engineering and Aerospace Technology, 2021, 93(2): 311-318.

[52] Zhou Y Q, Miao F H, Luo Q F. Symbiotic organisms search algorithm for optimal evolutionary controller tuning of fractional fuzzy controllers[J]. Applied Soft Computing, 2019, 77: 497-508.

[53] Yu C H, Zhang D, Lau H Y K. An adaptive large neighborhood search heuristic for solving a robust gate assignment problem[J]. Expert Systems with Applications, 2017, 84: 143-154.

[54] Dell'Orco M, Marinelli M, Altieri M G. Solving the gate assignment problem through the fuzzy bee colony optimization[J]. Transportation Research Part C-Emerging Technologies, 2017, 80: 424-438.

[55] Zhou Y Q, Chen X, Zhou G. An improved monkey algorithm for a 0-1 knapsack problem[J]. Applied Soft Computing, 2016, 38: 817-830.

第 3 章　多策略蚁群优化算法求解机场停机位分配问题

本章介绍基本蚁群优化算法的基本理论、框架，针对蚁群优化算法的不足，研究一种改进信息素初始浓度、选择概率、信息素挥发系数的多策略蚁群优化(ant colony optimization with pheromone concentration, selection probability and volatility coefficient，PSVACO)算法，通过非线性函数和机场停机位分配问题来验证算法的可行性和有效性。

3.1　基本蚁群优化算法

蚁群通过在它经过的地面上释放信息素寻找食物，路径短的路线积累的信息素较多，蚂蚁会优先选择，从而找到最优路径。蚁群除了能找到最优路径之外，还能很好地适应外界环境。如果在最优路径上突然出现障碍物，这条路径不能继续通行，蚂蚁会重新寻找新的最优路径。开始的时候，蚂蚁随机选择一条路线，并且留下一定量的信息素，用来帮助后来的蚂蚁做出选择，后来的蚂蚁来到障碍物时，会选择信息素浓度高的路径来走，经过一段时间，通过蚁群的正反馈机制，蚁群又找到了新的最优路径。根据蚂蚁的这种特性，前人提出了蚁群优化(ant colony optimization, ACO)算法[1]。蚂蚁寻找食物源的过程，如图 3.1 所示。

集穴　　　　　　　　　　　　　　　　　　　　　　食物源

图 3.1　蚂蚁寻找食物源

3.1.1　蚁群优化算法原理

为了便于理解，用旅行商问题(travelling salesman problem，TSP)来简单地说明蚁群优化算法模型。假设有 m 只蚂蚁随机出现在 n 个城市中，城市 i 和城市 j 的距离为 d_{ij}，其中 t 时刻城市 i 和城市 j 路径上的信息量用 $\tau_{ij}(t)$ 表示。开始的时候，所有路径上的信息素浓度是一样的，设 $\tau_{ij}(0)=C$（C 为一个正常数），蚂蚁 $k(k=1,2,\cdots,m)$ 由每条路径信息素量的多少来选择移动的方向。蚂蚁 k 经过的城市集合写在禁忌表 $\text{tabu}_k(k=1,2,\cdots,m)$ 中，禁忌表随着算法的变化而不断变化[2-4]。$p_{ij}^k(t)$ 是在时刻 t 蚂蚁 k 在城市 i 移动到城市 j 的转移概率，可表示为：

$$p_{ij}^k(t)=\begin{cases}\dfrac{\tau_{ij}^{\partial}(t)\eta_{ij}^{\beta}(t)}{\sum_{j\in\text{allow}_k}\tau_{ij}^{\partial}(t)\eta_{ij}^{\beta}(t)}, & j\in\text{allow}_k \\ 0, & j\notin\text{allow}_k\end{cases} \tag{3.1}$$

其中，allow_k 为蚂蚁 k 下一步可以选择的城市集合，则 $\text{allow}_k=\{C-\text{tabu}_k\}$，$\alpha$ 为信息启发因子，β 为期望启发因子，$\eta_{ij}(t)$ 为启发函数，对于有的确定 TSP 问题，$\eta_{ij}(t)$ 为一个常数，可以表示为：

$$\eta_{ij}=1/d_{ij} \tag{3.2}$$

其中，d_{ij} 为城市 i 到城市 j 的距离，且

$$d_{ij}=\sqrt{(x_i-x_j)^2+(y_i-y_j)^2} \tag{3.3}$$

其中，城市 i 坐标为 (x_i,y_i) 和城市 j 坐标为 (x_j,y_j)。

　　为了防止信息素在路径上积累过多，某条路径可能会因为遗留下的信息素太多而使启发信息失去作用，因此每只蚂蚁每走一步或是算法每次迭代之后都要对信息素进行调整。$t+1$ 时刻，信息素按以下公式进行调整：

$$\tau_{ij}(t+1)=(1-\rho)\tau_{ij}(t)+\Delta\tau_{ij}(t) \tag{3.4}$$

$$\Delta\tau_{ij}(t)=\sum_{i=1}^{m}\Delta\tau_{ij}^k(t) \tag{3.5}$$

其中，ρ 为信息素挥发系数，且 $\rho\in(0,1)$。$\Delta\tau_{ij}(t)$ 为当次循环路径 (i,j) 的信息素增量，在最初时刻信息素的增量为 0，即 $\Delta\tau_{ij}(t)=0$。$\Delta\tau_{ij}^k(t)$ 为当次循环中第 k 只蚂蚁遗留在路径 (i,j) 上的信息素量。

3.1.2　蚁群优化算法流程

　　蚁群优化算法求解 TSP 的流程图[5-7]，如图 3.2 所示。

　　蚁群优化算法求解 TSP 的实现程序伪代码如下：

算法：蚁群优化算法
输入：TSP 城市坐标
输出：最优值

```
1. Procedure ACO
2.    For each edge
```

```
3.    Set initial pheromone value τ₀
4.    End for
5. While not stop
6.    For each ant k
7.    Randomly choose an initial city
8.    For i=0 to n
9.    Choose next city j with the probability given by equation(3.1)
10.    End for
11. End for
12.    Compute the length Lk of tour constructed by the kth ant
13.    For each edge
14.    Update the pheromone value by equation(3.4)
15.    End for
16. End while
17. Print result
18. End procedure
```

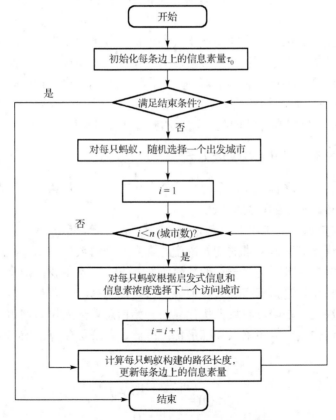

图 3.2　蚁群优化算法求解 TSP 流程图

3.1.3　蚁群优化算法优缺点

蚁群优化算法作为一种智能优化算法，具有如下优点[8-10]：

(1)具有较强的全局搜索能力。

(2)最重要特征就是正反馈机制。

(3)具有较强的鲁棒性。

(4)具有可扩展性，易与其他启发式算法结合。

蚁群优化算法虽然具有很多的优点，但同时也存在一些不足，如：

(1)在算法初期，各个路径上的信息素量差值不明显，增加了蚁群搜索最优路径的难度，以及算法的寻优时间。

(2)算法参数通常取经验值，如果选取不当，算法易收敛于局部最优。

(3)不易处理连续优化问题。

3.2　多策略蚁群优化算法

由于基本蚁群优化算法很容易陷于局部最优，收敛速度也较慢。因此，为了提高蚁群优化算法的收敛速度和全局搜索能力，避免陷入局部最优，从蚁群优化算法的信息素初始浓度、选择概率、信息素挥发系数等出发，对蚁群优化算法进行改进，提出一种改进信息素初始浓度、选择概率、信息素挥发系数的多策略蚁群优化(PSVACO)算法，以提高算法的收敛速度和整体优化性能[11,12]。

3.2.1　信息素初始浓度的改进方法

蚁群优化算法在求解优化问题时，选择下一节点主要依赖于以下两点：

(1) t 时刻该路径上的信息素浓度；

(2)启发式信息 η_{ij}，TSP 中一般取 $\eta_{ij} = 1/d_{ij}$（d_{ij} 表示城市 i, j 之间的距离）。

基本蚁群优化算法信息素的初始浓度通常是一个常数。在第一次迭代时，每条路径信息素对蚂蚁的吸引力是一样的，蚂蚁选择下一节点主要由两个节点之间的距离来决定，距离短的选择概率较大，但最后有可能选择一条总长度较大的路径为最优解。为了解决这个缺陷，将蚁群优化算法初始信息素浓度设为城市间的距离与城市数量的商，这样能够避免陷入局部最优。因此，蚁群优化算法信息素初始浓度改进，可表示为：

$$\tau_{ij}(0) = \begin{cases} \dfrac{d_{ij}}{n}, & 若 i \neq j \\ 0, & 其他 \end{cases} \tag{3.6}$$

3.2.2　转移概率的改进方法

在蚁群优化算法中，引入随机进化因子(random evolution factor, REF)和进化漂变阈值(evolution drift threshold, EDT)两个参数，其中随机进化因子是蚂蚁选择下一节点的概率变异参数，进化漂变阈值是蚂蚁选择下一节点概率的变异阈值。蚁群优化算法开始按照原计划计算转移概率，然后对每只蚂蚁的转移概率进行比较选择。当随机进化因子 REF_k 大于进化漂变阈值 EDT 时，对蚂蚁的转移概率进行调整。因此，蚁群优化算法转移概率公式的改进，可表示为：

$$p_{ij}^k(t) = \begin{cases} \dfrac{\tau_{ij}^{\partial}(t)\eta_{ij}^{\beta}(t)}{\sum_{j\in\text{allow}_k} \tau_{ij}^{\partial}(t)\eta_{ij}^{\beta}(t)}, & j \in \text{allow}_k \\ 0, & j \notin \text{allow}_k \end{cases} \tag{3.7}$$

$$p_{ij\text{-new}}^k(t) = \begin{cases} p_{ij}^k(t)\times\text{rand}, & \text{REF}_k > \text{EDT} \\ p_{ij}^k(t), & \text{其他} \end{cases} \tag{3.8}$$

其中，rand 为 0～1 之间的随机数。

3.2.3　挥发系数的改进方法

蚁群优化算法信息素挥发系数 ρ 的大小与算法的收敛速度和全局搜索能力有着直接的关系。在基本蚁群优化算法中，信息素挥发系数 ρ 是常数，如果信息素挥发系数 ρ 的取值过大，可能会造成某些路径还没有搜索信息素量就挥发完了，导致算法陷入局部最优，错过更好的解；如果信息素挥发系数 ρ 的取值过小，信息素量挥发较慢，导致算法搜索时间过长。因此，在算法前期给信息素挥发系数 ρ 一个较大的初始值，使算法倾向于搜索到较优路径，后期搜索时通过不断减小信息素挥发系数 ρ 的值来扩大搜索空间，避免算法局部收敛。当算法疑似陷入局部最优时，对信息素挥发系数 ρ 进行自适应调整，信息素挥发系数改进公式，可表示为：

$$\rho(t) = \begin{cases} 0.9\times\rho(t-1), & 0.9\times\rho(t-1) \geqslant \rho_{\min} \\ \rho_{\min}, & \text{其他} \end{cases} \tag{3.9}$$

3.2.4　PSVACO 算法的实现

采用非线性函数极值的寻优问题来验证多策略蚁群优化(PSVACO)算法的有效性。在非线性函数求极值寻优中，采用转移概率 P_i 来确定下一个可行解。如果蚂蚁 i 所在位置的信息素离当前种群中信息素含量最高的位置近，则进行微调，否则进行大范围的调整。

$$P_i = \frac{\max\limits_{s \in [1,m]} \tau_s(t) - \tau_i(t)}{\max\limits_{s \in [1,m]} \tau_s(t)} \tag{3.10}$$

其中，$\tau_i(0)=F(X)$，τ_0 为初始信息素，$F(X)$ 为待求解的目标函数。最大值与最小值问题之间可以相互转换：

$$\max[F(X)] = \min[-F(X)] \tag{3.11}$$

从该转移概率公式可以看出，蚂蚁当前位置的信息素越趋近于当前最大值，如果 P_i 较小，则执行微调整；反之，离最大值较远时，P_i 较大，则进行大范围的搜索。

$$X(t+1) = \begin{cases} X(t) + \text{rands} \cdot \lambda, & P_i < P_0 \\ X(t) + \text{rands} \cdot \dfrac{(\text{upper} - \text{lower})}{2}, & P_i \geqslant P_0 \end{cases} \tag{3.12}$$

其中，$\text{rands} \in [-1,1]$，为随机数，P_0 为转移概率常数。

$X(t+1)=X(t)+\text{rands} \times \lambda$，$\lambda=1/t$，$t$ 为迭代次数，λ 随着 t 的逐渐增大而减小，是局部搜索。

$X(t+1)=X(t)+\text{rands} \times (\text{upper} - \text{lower})/2$，$X \in [\text{lower,upper}]$，upper 和 lower 为搜索的上界和下界，是全局搜索。

信息素的更新公式可表示为：

$$\begin{cases} \tau_{ij}(t+1) = (1-\rho)\tau_{ij}(t) + \Delta\tau_{ij} \\ \Delta\tau_{ij} = \sum\limits_{k=1}^{m} \Delta\tau_{ij}^k \end{cases}, \quad 0 < \rho < 1 \tag{3.13}$$

$$\Delta\tau_{ij}^k = \begin{cases} \dfrac{Q}{L_k}, & 第 k 只蚂蚂蚁从城市 i 访问 j \\ 0, & 其他 \end{cases} \tag{3.14}$$

从式 (3.14) 可以看出，移动距离 L_k 越小，则经过路径上的信息素累加就越多。根据这一特点，可以采用下面等式对信息素进行调整：

$$\tau_i(t+1) = (1-\rho) \times \tau_i(t) + Q \times F(X) \tag{3.15}$$

其中，Q 是蚂蚁循环一次所释放的信息素总量，通常为常数。$F(X)$ 取值越大，蚂蚁当前位置的信息素浓度越高。

因此，基于 PSVACO 算法的非线性函数极值求解步骤，可描述如下：

Step 1. PSVACO 算法参数的初始化。

对 PSVACO 算法各参数进行初始化，包括蚂蚁数量 m、信息素挥发系数 ρ、信息素总量 Q、转移概率常数 P_0、最大迭代次数 iter_max 等。

Step 2. 构建解空间。

将蚂蚁随机地分配在不同地方，对蚂蚁 $k(k=1,2,\cdots,m)$，根据转移概率公式计算出蚂蚁下一步的位置。

Step 3. 更新信息素。

计算各个蚂蚁当前位置的信息素量，然后通过信息素更新公式对各个位置上的信息素进行更新；同时记录当前迭代次数中的最优解。

Step 4. 判断结束条件。

如果该算法达到最大迭代次数或者小于给定的误差值，算法结束，并输出最优解；否则返回 Step 2。

3.2.5　PSVACO 算法的数值验证

1. 算法参数设置

算法参数设置如表 3.1 所示。

表 3.1　算法参数设置

参数名称	参数值
转移概率常数	0.2
信息素挥发系数 ρ	0.9
信息素因子 α	2.0
启发式因子 β	3.0
初始信息素浓度 τ	0.6
蚂蚁数量 m	90
信息释放总量 Q	1.0
迭代次数 NC_max	50

2. 数值实验与分析

非线性函数表达式如下：

$$F = -(x^2 + 2 \times y^2 - 0.3 \times \cos(3 \times p_i \times x) - 0.4 \times \cos(4 \times p_i \times y) + 0.7) \qquad (3.16)$$

其中，$x \in [-2,2]$，$y \in [-2,2]$。

表 3.2　求解非线性函数实验结果

算法名称	ACO			PSVACO		
次数	最优迭代次数	最优解	运行时间/s	最优迭代次数	最优解	运行时间/s
1	50	−1.38E−04	0.296	27	−1.28E−04	0.158
2	43	−2.24E−04	0.188	32	−1.99E−04	0.183
3	33	−2.79E−04	0.202	34	−5.05E−05	0.125
4	50	−1.82E−04	0.234	38	−9.53E−05	0.233

算法名称	ACO			PSVACO		
次数	最优迭代次数	最优解	运行时间/s	最优迭代次数	最优解	运行时间/s
5	48	−3.40E−04	0.264	39	−7.82E−05	0.144
6	45	−3.61E−04	0.268	45	−3.43E−04	0.225
7	43	−3.74E−04	0.311	24	−1.04E−04	0.226
8	46	−5.83E−04	0.344	23	−2.75E−04	0.264
9	45	−8.32E−04	0.380	31	−1.47E−04	0.279
10	46	−2.23E−04	0.390	34	−1.87E−04	0.286
11	39	−3.38E−04	0.431	28	−1.65E−04	0.300
12	46	−4.42E−04	0.245	43	−2.37E−04	0.140
13	42	−6.81E−04	0.297	36	−1.21E−05	0.149
14	50	−3.39E−04	0.255	38	−3.10E−05	0.182
15	47	−4.21E−04	0.284	27	−2.80E−05	0.275
16	44	−2.76E−04	0.310	31	−6.64E−05	0.143
17	46	−6.70E−04	0.282	28	−5.72E−05	0.166
18	50	−5.93E−04	0.298	37	−5.41E−05	0.186
19	50	−4.17E−04	0.244	39	−3.63E−05	0.168
20	50	−3.02E−04	0.356	43	−4.49E−05	0.189
平均值	45.65	−4.01E−04	0.294	33.85	−1.16E−04	0.201
方差	4.331	1.83E−04	0.0623	6.450	9.18E−05	0.056

从表 3.2 可以看出，PSVACO 算法求解非线性函数所获得最优解都要比 ACO 算法求解非线性函数所获得最优解好，同时对于获得最优解所需要的迭代次数以及方差，PSVACO 算法也要优于 ACO 算法。因此，提出的 PSVACO 算法具有较好的优化性能、稳定性和效率。

PSVACO 算法和 ACO 算法求解非线性函数的寻优过程，如图 3.3 所示。其中，横坐标表示算法的迭代次数，纵坐标表示求解非线性函数的优化值。

从图 3.3 可以看出，ACO 算法迭代到第 10 次左右趋于最优解，而 PSVACO 算法在迭代到第 5 次左右就趋于最优解，PSVACO 算法的收敛速度和收敛效果明显优于 ACO 算法，说明 PSVACO 算法的寻优能力强于 ACO 算法的寻优能力。

PSVACO 算法的初始分布图（曲面由非线性函数的所有点构成，曲面上的点为蚂蚁最初分布的位置），如图 3.4 所示。

从图 3.4 可以看出，PSVACO 算法初始时将蚂蚁平均分散在曲面的各个位置，可以提高蚂蚁的寻优效率和寻优质量。

PSVACO 算法和 ACO 算法的最终分布图（曲面由非线性函数的所有点构成，曲面上的点为蚂蚁所寻找的最优值），如图 3.5 所示。

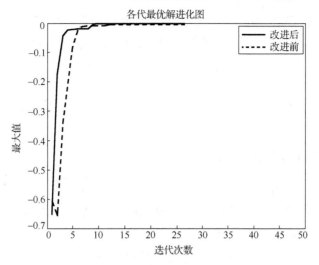

图 3.3　求解非线性函数的寻优过程

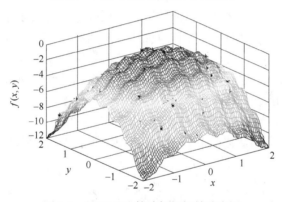

图 3.4　PSVACO 算法蚂蚁初始分布图

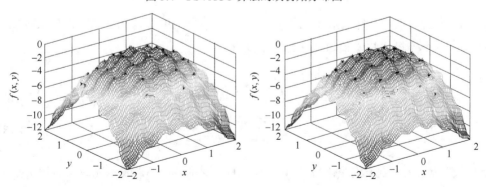

(a) ACO算法蚂蚁最终分布图　　　　　　　　　　　(b) PSVACO算法蚂蚁最终分布图

图 3.5　两种算法的蚂蚁最终分布图

从图 3.5 可以看出，蚂蚁大多数都聚集在曲面的各个峰值上，最优选取其中的最大值作为最优解。同时，可以看出 PSVACO 算法蚂蚁更多地聚集在峰值和最大值上。

3.3　机场停机位分配多目标优化模型的建立

3.3.1　优化目标函数的构建

停机位分配问题由于需要考虑多方利益，是一个多目标优化问题。通常是从机场、航空公司和旅客三方面考虑，主要是降低旅客等待时间和步行距离、提高机场服务水平，有效利用机场关键资源、减少突发事件的影响。旅客对机场服务的满意程度对于机场的运营十分关键，而行走的距离直接关系到旅客对机场的评价，因此选取旅客总行走距离之和最短作为优化目标函数。当航班遇到一些小规模的短时延误时，希望只需稍作调整就可以保证航班正常运行，且能保证各停机位均衡利用，因此选择各停机位空闲时间最均衡作为优化目标函数。同时，机场近机位有登机桥，可以方便旅客上下飞机。而远机位无登机桥，需要用摆渡车接送旅客，这会给旅客带来不便，增加机场运营成本，降低机场运行效率，因此选择远机位停靠航班数量最少作为优化目标函数[13-16]。

1) 旅客总行走距离之和最短

这里仅考虑进港和离港航班的旅客步行总行走距离之和最短作为优化目标函数，可表示为：

$$F_1 = \min \sum_{j=1}^{m} (\sum_{i=1}^{n} x_{ij} \times C_i) D_j \tag{3.17}$$

其中，x_{ij} 为将航班 i 分配给停机位 j，是为 1，否则为 0；C_i 为航班 i 所有旅客数；D_j 为第 j 个停机位与安检口或出站口的距离。

2) 各停机位空闲时间最均衡

以机场各停机位空闲时间方差最小作为优化目标函数，可表示为：

$$F_2 = \min \left(\sum_{i=1}^{n} \sum_{j=1}^{m} S_{ij}^2 + \sum_{j=1}^{m} SS_j^2 \right) \tag{3.18}$$

其中，S_{ij} 为航班 i 到达停机位 j 时此停机位的空闲时间；SS_j 表示完成所有服务后的停机位空闲时间。

3) 远机位停靠航班数量最少

以机场远机位停靠航班数量最少作为优化目标函数，可表示为：

$$F_3 = \min \sum_{i=1}^{n} G_i \tag{3.19}$$

其中，G_i 表示航班是否停靠在远机位，仅当航班 i 被分配到远机位时，G_i 值是 1，否则为 0。

3.3.2　多目标优化模型的无量化

综合考虑旅客总行走距离之和最短、各停机位空闲时间最均衡和远机位停靠航班数量最少作为停机位分配优化目标函数，建立机场停机位分配的多目标优化模型。在多目标优化模型中，每个单目标会有各自的权重，可以通过数学计算的方法来解决该问题。加入一组目标函数 $\varphi_1(x), \varphi_2(x), \cdots, \varphi_c(x)$，$c$ 为单目标个数，加入一组约束条件 $g_1(x), g_2(x), \cdots, g_c(x)$，其中 $g_k(x) \leqslant 0$ 是停机位的分配需满足的约束条件。

综合考虑全部的单优化目标函数，对停机位分配问题建模如下：

$$\min[\varphi_1(x), \varphi_2(x), \cdots, \varphi_c(x)] \tag{3.20}$$

$$\text{s.t.} \quad g_k(x) \leqslant 0, \quad k = 1, 2, \cdots, c \tag{3.21}$$

因为 $\varphi_1(x), \varphi_2(x), \cdots, \varphi_c(x)$ 是不同的优化目标函数，各自目标函数具有不同的量纲，其单位和数量级都有所不同，所以在求解多目标优化问题时，常采用线性加权法、平方和加权法和约束法等将多目标优化问题转化为单目标优化问题。由于线性加权法具有方便操作、效果较好的特点，因此这里选择线性加权法将多目标优化问题转化为单目标优化问题。设定权重因子 $w_j \geqslant 0, j = 1, 2, \cdots, n$，把式 (3.20) 转化为单目标优化模型，可表示为：

$$\min \sum_{j=1}^{n} w_j \varphi_j(x) \tag{3.22}$$

根据这个思路，式 (3.22) 能被构造为：

$$W = \sum_{j=1}^{c} w_j \varphi_j \tag{3.23}$$

设 $\varphi_j^0 = \max\{|\varphi_j|\}$，且 $\varphi_j^0 \neq 0$，则经过归一化处理的优化目标函数可表示为：

$$W = \sum_{j=1}^{c} \frac{w_j \varphi_j}{\varphi_j^0} \tag{3.24}$$

经处理后获得的机场停机位分配优化目标模型可表示为：

$$W = \frac{w_1}{\varphi_1^0} \sum_{j=1}^{m} \left(\sum_{i=1}^{n} x_{ij} \times C_i \right) D_j + \frac{w_2}{\varphi_2^0} \sum_{j=1}^{m} \sum_{i=1}^{n} S_{i,j}^2 + \frac{w_3}{\varphi_3^0} \sum_{i=1}^{n} G_i \tag{3.25}$$

3.4　多策略蚁群优化算法求解停机位分配优化模型

3.4.1　机场停机位分配优化方法

　　停机位分配是实现航班快速安全停靠，保证航班之间有效衔接，提高整个机场系统容量和服务效率的一个关键因素。它具有内在的多目标、多约束和多资源理论复杂属性。因此不合理的机场停机位分配，不但能增加航班的延误、降低关键资源的利用率，造成旅客满意度的下降，而且还会增加航空公司和机场的运营成本。由于提出的多策略蚁群优化(PSVACO)算法具有较好的全局搜索能力以及较快的收敛速度，能有效避免陷入局部最优，因此，将 PSVACO 算法引入到停机位分配复杂优化问题求解中，提出一种基于 PSVACO 算法的机场停机位分配优化方法，实现机场关键停机位资源的有效分配，进而提升机场停机位的分配质量与效率。

3.4.2　机场停机位分配流程

　　基于 PSVACO 算法的机场停机位分配优化方法，其流程如图 3.6 所示。

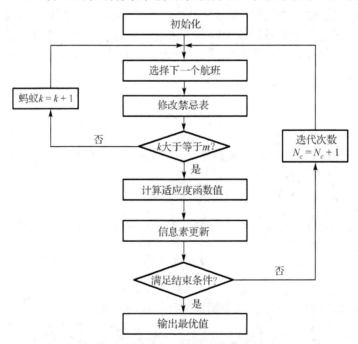

图 3.6　停机位分配优化方法流程图

3.5　算　例　分　析

3.5.1　实验数据

　　选取广州白云机场 2015 年 7 月 26 日的 205 个航班和 30 个停机位作为实验数据来验证基于 PSVACO 算法的机场停机位分配优化方法的有效性。机场停机位分为小型停机位(S)、中型停机位(M)、大型停机位(L)，航班也分为小型航班(S)、中型航班(M)、大型航班(L)。大型停机位可以停靠所有机型航班，中型停机位可停靠中、小机型航班，小型停机位只能停靠小型航班。没有分配到停机位的航班全部停靠在停机坪远机位上。30 个停机位的详细信息，如表 3.3 所示；205 个航班的详细信息，如表 3.4 所示。

表 3.3　30 个停机位详细信息

停机位编号	旅客行走距离	停机位型号	停机位编号	旅客行走距离/m	停机位型号
1	190	S	16	115	L
2	975	M	17	215	M
3	400	L	18	535	L
4	333	S	19	1050	S
5	260	M	20	170	M
6	135	L	21	585	L
7	1100	S	22	1250	S
8	150	M	23	500	M
9	384	L	24	920	L
10	960	L	25	270	L
11	1000	L	26	230	L
12	235	L	27	265	L
13	1200	M	28	450	M
14	580	M	29	1300	M
15	440	L	30	426	L

表 3.4　航班详细信息表

航班号	航班进港时间	航班离港时间	航班人数	航班型号
1	2015-7-26 0:05:00	2015-7-26 5:15:00	482	L
2	2015-7-26 0:05:00	2015-7-26 5:45:00	273	M
3	2015-7-26 0:10:00	2015-7-26 5:30:00	261	M

续表

航班号	航班进港时间	航班离港时间	航班人数	航班型号
4	2015-7-26 0:15:00	2015-7-26 5:30:00	116	M
5	2015-7-26 0:15:00	2015-7-26 5:15:00	244	M
...				
203	2015-7-26 22:20:00	2015-7-26 23:10:00	104	M
204	2015-7-26 22:25:00	2015-7-26 23:30:00	118	M
205	2015-7-26 22:45:00	2015-7-26 23:35:00	304	L

3.5.2 实验环境与参数设置

实验环境选择：Intel(R) core(TM) i5，8GB RAM，Windows 10，MATLAB R2016a。PSVACO 算法参数设置，如表 3.5 所示。

表 3.5 算法参数设置

参数名称	参数值
信息素因子 α	2.0
启发式因子 β	3.0
信息素挥发系数 ρ	0.2
转移概率常数	0.2
初始信息素浓度 τ	0.6
最大迭代次数 Nc_max	200
蚂蚁数量 m	20
信息素总量 Q	0.1

3.5.3 实验结果与分析

利用 PSVACO 算法对构建的机场停机位分配优化模型进行了 15 次独立求解，获得机场停机位分配优化目标函数的最优值为 0.1558，选择其分配结果最好的一次进行统计分析，如表 3.6 所示和图 3.7 所示；生成的机场停机位分配结果甘特图，如图 3.8 所示(纵坐标为停机位编号，横坐标为时间，矩形框里面的数值为航班编号)。

表 3.6 停机位分配结果

停机位编号	航班编号												结果统计
1	25	41	69	107	138	183	200						7
2	26	45	53	77	93	115	151	173	182	191	198	203	12
3	20	42	62	88	108	119	132	167	199	205			10
4	11	44	56	83	110								5
5	27	30	40	96	125	142	169	184					8

停机位编号	航班编号										结果统计
6	28	31	48	68	84	109	133	160	176	202	10
7	29	51	70	85	111	126	156	195			8
8	32	71	89	104	122	137	194	204			8
9	33	49	72	86	112	136	149	174	178	189	10
10	34	43	52	74	87	113	124	145	165		9
11	35	47	59	78	94	114	127	152			8
12	6	79	103	120	146	168	179	192	201		9
13	9	46	60	90	116	131	196				7
14	4	50	75	95	117	143	185	197			8
15	36	129	147	186							4
16	12	39	73	91	187						5
17	21	54	76	123	144	164	177	190			8
18	37	148									2
19	22	55	97	118	139	153	175				7
20	14	38	57	81	92	121	150	180	188	193	10
21	19	63	98	130	170	181					6
22	16	66	82	99	128	157					6
23	58	101	158								3
24	61	100	141	155							4
25	64	102	135								3
26	23	67	159								3
27	65	166									2
28	80	105	161								3
29	24	106	134	154							4
30	140	162									2
总计											191

从表 3.5、图 3.7 和图 3.8 可以看出，205 个航班中有 191 个航班被分配到 30 个停机位，14 个航班被分配到停机坪远机位，航班的停机位分配率达到 93.2%。从每个停机位分配到的航班数量来看，18、27 和 30 号停机位只分配到 2 个航班，而 2 号停机位分配到 12 个航班，是所有停机位中分配航班数量最多的停机位，没有出现未分到航班的停机位。同时还可以看出，离安检口较近的停机位具有较高的利用率，这样能提升旅客对机场的满意度。因此，综合考虑旅客总行走距离之和最短、各停机位空闲时间最均衡和远机位停靠航班数量最少作为优化目标函数所构建的机场停机位分配多目标优化模型，能有效提高机场停机位的利用均衡性以及旅客的满意度。提出的 PSVACO 算法在求解机场停机位分配多目标优化问题时，表现出较强的搜索能力和较快的收敛速度，获得了较理想的机场停机位分配结果。

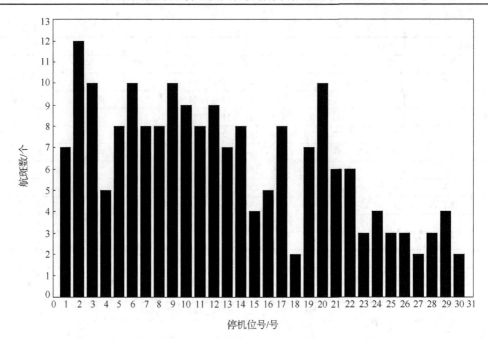

图 3.7　各停机位分配的航班数量

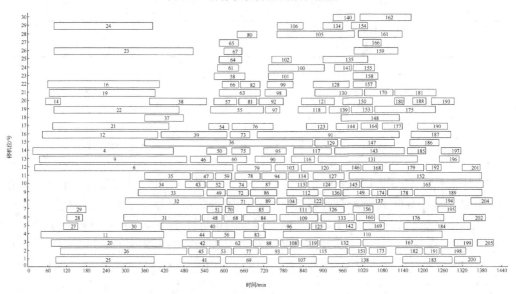

图 3.8　停机位分配结果甘特图

3.5.4　结果比较与分析

为了验证所提出的 PSVACO 算法优化性能，选择 ACO 算法用于求解构建的机场停机位分配多目标优化模型。PSVACO 算法和 ACO 算法在求解构建的机场停机位分配多目标优化模型时，优化目标函数最优值的变化曲线，如图 3.9 所示。

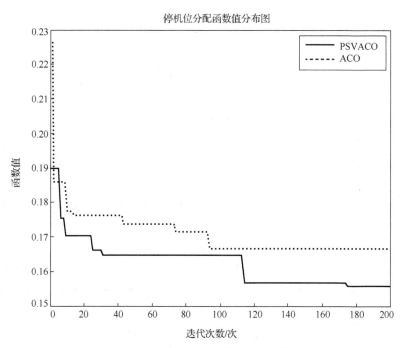

图 3.9　优化目标函数最优值的变化曲线

　　从图 3.9 可以看出，ACO 算法求解优化目标函数的最优值为 0.1664，PSVACO 算法求解优化目标函数的最优值为 0.1558。PSVACO 算法求解优化目标函数，其最优值一直位于 ACO 算法求解优化目标函数最优值曲线之下，结果表明 PSVACO 算法比 ACO 算法在求解机场停机位分配问题时具有更好的寻优能力，获得更好的优化目标函数最优值，即获得了更好的机场停机位分配结果。为了能够更好地操作停机位分配任务，研发了一个枢纽机场停机位分配系统软件，方便停机位分配人员使用[17]。

3.6　本　章　小　结

　　本章首先介绍了基本 ACO 算法的基本原理以及优缺点，然后针对 ACO 算法存在的缺点，提出了一种改进信息素初始浓度、选择概率、信息素挥发系数的多策略蚁群优化(PSVACO)算法，通过非线性函数验证了算法的有效性。建立了综合考虑旅客总行走距离之和最短、各停机位空闲时间最均衡和远机位停靠航班数量最少作为优化目标函数的机场停机位分配多目标优化模型，提出了基于 PSVACO 算法的机场停机位分配优化方法，以提升机场停机位的分配质量与效率。通过对 205 个航班分配到 30 个停机位的实例验证，结果表明航班分配率达到 93.2%，提高了机场停机位的利用均衡性和旅客的满意度，且 PSVACO 算法表现出较强的搜索能力和较快的收敛速度。

参 考 文 献

[1]　马良, 朱刚, 宁爱兵. 蚁群优化算法[M]. 北京: 科学出版社, 2020.

[2]　Dorigo M, Gambardella L M. Ant colony system: A cooperative learning approach to the traveling salesman problem[J]. IEEE Transactions on Evolutionary Computation, 1997, 1(1): 53-66.

[3]　Yaralidarani M, Shahverdi H. An improved ant colony optimization (ACO) technique for estimation of flow functions (k(r) and P-c) from core-flood experiments[J]. Journal of Natural Gas Science and Engineering, 2016, 33: 624-633.

[4]　Tuba M, Jovanovic R. Improved ACO algorithm with pheromone correction strategy for the traveling salesman problem[J]. International Journal of Computers Communications & Control, 2013, 8(3): 477-485.

[5]　Yan F L. Autonomous vehicle routing problem solution based on artificial potential field with parallel ant colony optimization (ACO) algorithm[J]. Pattern Recognition Letters, 2018, 116: 195-199.

[6]　Zangari M, Pozo A, Santana R. A decomposition-based binary ACO algorithm for the multiobjective UBQP[J]. Neurocomputing, 2017, 246: 58-68.

[7]　Zhang S C, Wong T N. Flexible job-shop scheduling/rescheduling in dynamic environment: A hybrid MAS/ACO approach[J]. International Journal of Production Research, 2017, 55(11): 3173-3196.

[8]　Deng W, Zhao H M, Liu J J, et al. An improved CACO algorithm based on adaptive method and multi-variant strategies[J]. Soft Computing, 2015, 19(3): 701-713.

[9]　吴华锋, 陈信强, 毛奇凰, 等. 基于自然选择策略的蚁群算法求解 TSP 问题[J]. 通信学报, 2013, 34(4): 166-170.

[10]　丁建立, 李晓丽, 李全福. 基于蚁群协同算法的图权值停机位分配模型[J]. 计算机工程与科学, 2011, 33(9): 151-156.

[11]　安晓亭, 张梓琪. 基于改进蚁群优化的多目标资源受限项目调度方法[J]. 系统工程理论与实践, 2019, 39(2): 983-993.

[12] 王春晓. 基于改进蚁群算法的多目标枢纽机场停机位分配与系统开发[D]. 大连：大连交通大学, 2018.

[13] 刘长有, 郭楠. 基于运行安全的停机位分配问题研究[J]. 中国安全科学学报, 2011, 21（12）: 108-114.

[14] 郑攀. 民用机场停机位分配问题优化模型与算法的研究[D]. 北京：北京交通大学, 2011.

[15] 马学森, 宫帅, 朱建, 等. 动态凸包引导的偏优规划蚁群算法求解 TSP 问题[J]. 通信学报, 2018, 39（10）: 59-71.

[16] 陈前, 乐美龙. 基于安全约束的停机位分配问题的研究[J]. 华中师范大学学报, 2016, 50（1）: 55-60.

[17] 大连交通大学. 枢纽机场停机位分配系统软件[CP]. 软件著作权登记号：2018SR033355, 2018.

第 4 章　协同进化蚁群优化算法求解
机场停机位分配问题

本章介绍协同进化算法的基本理论和框架，针对蚁群优化算法的不足，研究一种自适应蚁群优化算法(self-adaption ACO，SACO)，在此基础上结合基于合作型协同进化模式，借鉴并行进化机制，进而研究一种协同进化蚁群优化算法(self-adaption co-evolutionary ACO，SCEACO)，最后通过旅行商问题和机场停机位分配问题来验证算法的可行性和有效性。

4.1　协同进化算法

4.1.1　协同进化算法概述

协同进化算法(co-evolutionary algorithms，CEA)是一个物种的性状作为对另一个物种性状的反应而进化，而后一物种的这一性状本身又是作为对前一物种性状的反应而进化的算法[1]。协同进化算法与进化算法的区别在于：在传统进化算法中，个体的适应度由个体的染色体决定，是一种绝对适应度，没有考虑到个体之间的协同影响以及种群之间的复杂关系；而在协同进化算法中，考虑了种群内部个体之间的相互影响以及种群之间在进化过程中的相互协调，个体的适应度由个体与周围个体发生协同关系时的表现决定，是一种相对适应度[2,3]。协同进化算法具有更强的自适应性，能够克服传统的进化算法中常见的早熟收敛等现象，具有广阔的应用前景。

协同进化算法的定义如下[4]：

定义 4.1　一个进化算法是协同进化算法，当且仅当它满足如下条件：

(1)该算法同时维持多个子种群。

(2)该算法中个体的适应度值依赖于其他种群中的个体。

(3)该算法中个体的改变(添加、删除、修改)会导致其他种群的适应度曲面(fitness landscape)发生变化。

4.1.2　协同进化算法的分类

基于不同的生物模型，将协同进化算法分为竞争型协同进化算法(competitive co-evolutionary algorithm，Com-CEA)和合作型协同进化算法(cooperative co-evolutionary algorithm，Coo-CEA)。

1）竞争型协同进化算法

Com-CEA 是对生态进化中捕食现象的模拟，即捕食者和被捕食者任何一方的进步都会威胁另一方的生存能力。捕食者为了捕获被捕食而产生的生存压力会刺激捕食者的进化，被捕食者为了逃脱被捕食而产生的生存压力也会刺激被捕食者逐渐进化。

基于这种思想，1990 年 Hillis 提出了一种新的协同进化遗传算法（co-evolutionary GA, CGA）[5]。CGA 用两个或两个以上的种群与不同种类的个体间共同合作进化并相互竞争。它把问题的解表示成"染色体"，并以二进制表示编码串。在执行 CGA 之前，产生初始解种群和测试种群，然后把初始种群置于实际问题中。

Com-CEA 的适应度是通过个体和临时竞争对手在竞争中的表现决定的，被计算竞争适应度的个体叫作学习者，临时竞争对手叫作评价者。在一般的情况下，评价者和学习者是处于不同种群中，采用多种群来实现 Com-CEA。Com-CEA 中的个体轮流担任学习者和评价者的角色，轮流给对方施压，轮流刺激以使对方总体适应度水平提高。在竞争过程中，轮流刺激对方出现新颖积木块，从而以一种军备竞赛的方式寻找最优解[6-8]。通常，在 Com-CEA 中存在两个或多个种群，给出的两个种群的 Com-CEA 流程，如图 4.1 所示。

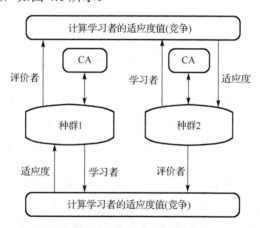

图 4.1　两种群竞争协同进化流程图

两个种群的 Com-CEA 伪代码如下：

算法 4.1：Com-CEA
输入：种群 P_1 和 P_2
输出：选择评价者

```
1. begin
2.     initialize P₁,P₂;
3.     let P₁ serve as learner;
4.     select the set of evaluators form P₂;
```

```
5. While (not termination)
6.    {
7.      evaluation(Learner);
8.      selection(Learner);
9.      crossover(Learner);
10.     mutation(Learner);
11.     interchange the individuals in P₁ and P₂;
12.     select the set of evaluators from P₂;
13.    }
14. end
```

在 Com-CEA 中，对于具有相同染色体的个体，由于不同的临时竞争对手而得到不同的竞争适应度值，所以 Com-CEA 竞争适应度是一种相对适应度。假设评价者集合是 E，学习者集合为 L，采用共享竞争适应度方法来计算竞争适应度，方法描述如下：

$$\forall j \in E, N_j = \sum_{\substack{K \in L \\ K \ \text{defeat} \ j}} 1 \tag{4.1}$$

$$\forall i \in L, \mathrm{CF}_i = \sum_{\substack{j \in E \\ i \ \text{defeat} \ j}} \frac{1}{N_j} \tag{4.2}$$

2) 合作型协同进化算法

Coo-CEA 是模拟物种之间相依为命的一种互利关系。Potter 和 De Jong 等人基于这种思想，提出一种合作型协同进化遗传算法(cooperative co-evolutionary GA，CCGA)，它是 Coo-CEA 的代表[9,10]。2004 年，Bergh 和 Engelbrecht 提出了一种新的合作型协同进化粒子群算法(cooperative PSO，CPSO)[11]。CPSO 算法的基本思想是：把具体问题的解向量按照一定的规则划分成 n 个相互独立的子种群，然后对每个子种群在 D 维目标搜索空间中的不同维度上进行搜索，基于信息迁移和知识共享共同进化。这样每个子种群按照顺序更新其粒子的速度和位置，在每个子种群中选择最优粒子组成问题的完整解。

在传统的 GA 算法中，只有一个种群在进化，种群中的任何一个个体都表示一个求解问题的完整解，每个个体的适应度值在进化过程中都逐渐被提高。Coo-CEA 包含多个合作关系的种群同时进化，种群中的任何一个个体只表示求解问题解的一个部分，求解问题的解是按照顺序将所有子种群的最终解连接而构成的。

合作型协同进化算法流程，如图 4.2 所示。

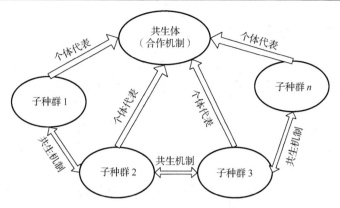

图 4.2　合作型协同进化算法流程图

两个种群的 Coo-CEA 伪代码如下：

算法 4.2：两种群合作型协同进化算法
输入：种群的个数 n
输出：最优解

```
1.  begin
2.     set 子种群的个数 n;
3.     for(i=1;i<=n;i++)
4.     initialize(p[i]);
5.     for(i=1;i<=n and not termination; i++)
6.     {
7.         for(j=1;j<=n and j<>i;j++){
8.         p[i] Cooperate with p[i]
9.         selection(p[i]);
10.        crossover(p[i]);
11.        mutation(p[i]);}
12.    }
13.    solution = null;
14.    for(i=1;i<=n;i++){
15.    solution = combine(solution,solution[i]);}
16. end
```

在 Coo-CEA 中，为了求得某个种群个体的适应度值，首先该子群将个体发送领域模型，同时该模型从其他每个子群中选择若干合作者来与该个体合作进化，这样就一起组成若干个完整解；最后该模型将所求得的最佳适应度值或者适应度平均值作为个体的适应度值发送给该子群[12-14]。在适应度计算过程中，可以从其他子群中选取最佳个体来与之合作。计算个体适应度的另一种方法是根据个体的模板来计算。

4.1.3　协同进化算法的框架

CEA 求解实际工程复杂问题时，可以通过对问题的解空间进行合理的划分，来避免算法陷入局部最优，进而搜索到更好的解。根据当前不同进化算法的特点，CEA 具有以下特点[15]：

(1) 各种 CEA 是由多个子种群构成的，并且每个子种群是独立进化的。

(2) 各子种群通过利用某种规则来相互协作，建立种群之间的交互作用模型，构成相互适应的协同进化关系。

CEA 作为一类高度抽象的算法模型，能够灵活地建立实际求解问题的算法模型。CEA 的基本框架，如图 4.3 所示。

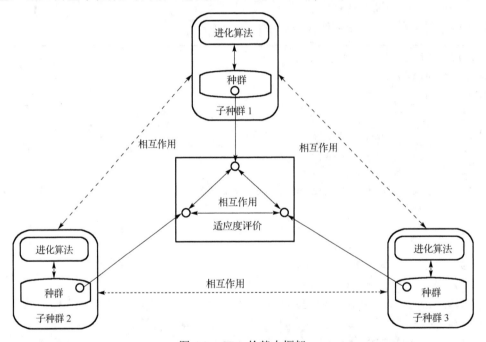

图 4.3　CEA 的基本框架

图 4.3 给出了包含 3 个子种群的 CEA 框架，通过使用某种或不同的进化算法对每个子种群中的个体进行相应的进化操作，各个子种群之间相互作用、相互影响，并且每个子种群通过进化算法各自独立进化，最终找到求解问题的最优解。

4.1.4　协同进化算法动力学描述

根据生态学可知，进化的基本单位是个体或种群。种群具有共同的基因库，能够进行交配并产生后代[16]。

1. 种群间竞争的协同进化动力学描述

在不考虑种群间相互作用的情况下，Logistic 方程被用来描述种群增长与环境关系间的动力学特征：

$$\frac{dN}{dt} = rN\left(1 - \frac{N}{K}\right) \tag{4.3}$$

其中，N 是种群的规模的大小，r 是种群个体增长率，K 是环境负荷量。方程(4.3)表明在种群内部每增加一个个体，抑制种群本身增长为 $\frac{1}{K}$。

假设存在使用相同资源相互竞争的两个种群 P_1 和 P_2，根据 Logistic 方程，可以将方程(4.3)变换成如下方程：

$$\begin{cases} \frac{dN_1}{dt} = r_1 N_1\left(1 - \frac{N_1}{K_1} - \frac{a_{21}N_2}{K_1}\right) \\ \frac{dN_2}{dt} = r_2 N_2\left(1 - \frac{N_2}{K_2} - \frac{a_{12}N_1}{K_2}\right) \end{cases} \tag{4.4}$$

其中，a_{12} 和 a_{21} 是竞争系数，N_1 和 N_2 分别是种群 P_1 和 P_2 的规模数，r_1 和 r_2 是种群 P_1 和 P_2 个体的最大瞬时增长率，K_1 和 K_2 是种群 P_1 和 P_2 的环境负荷量(无竞争情况)，a_{ij} 是种群 P_i 中的所有个体对种群 P_j 的竞争抑制作用。

根据方程(4.4)可以看出，种群之间的竞争结果主要取决于环境负荷量 K 的取值和竞争抑制参数 a_{ij}。两个种群之间竞争产生的四种可能结果，如表 4.1 所示。

表 4.1　两个种群之间竞争的四种结果与 a_{12}、a_{21} 和 K 的关系

种群 P_1	种群 P_2	竞争结果
$K_1 > K_2/a_{12}$	$K_2 < K_1/a_{21}$	P_1 胜，P_2 灭亡
$K_1 > K_2/a_{12}$	$K_2 > K_1/a_{21}$	不稳定平衡，各有获胜可能
$K_1 < K_2/a_{12}$	$K_2 < K_1/a_{21}$	稳定平衡，P_1 和 P_2 共存
$K_1 < K_2/a_{12}$	$K_2 > K_1/a_{21}$	P_2 胜，P_1 灭亡

对 n 个不同种群组成的群落而言，方程(4.3)将变换成：

$$\frac{dN_i}{dt} = r_i N_i\left(1 - \frac{N_i}{K_i} - \frac{a_{ji}N_j}{K_i}\right) \tag{4.5}$$

2. 捕食者与猎物系统的协同进化动力学描述

Lotka-Volterra 模型是由猎物的种群规模 N 和捕食者的种群规模 P 构成。假设在无捕食者的情况下，猎物种群规模呈指数增长：

$$\frac{\mathrm{d}N}{\mathrm{d}t} = r_1 N \tag{4.6}$$

假设饥饿甚至死亡将导致捕食者种群规模呈指数下降：

$$\frac{\mathrm{d}P}{\mathrm{d}t} = -r_2 P \tag{4.7}$$

如果捕食者与猎物共处一有限空间，那么猎物种群的增长率就会随着捕食者的增长而降低，因此方程(4.6)可变换为：

$$\frac{\mathrm{d}N}{\mathrm{d}t} = (r_1 - \varepsilon P)N \tag{4.8}$$

其中，ε 是猎物被食的压力常数，ε 的取值与猎物所受压力成正比，$\varepsilon = 0$ 是猎物不受捕食者的影响。

同样，猎物种群密度也将影响捕食者种群的增长率：

$$\frac{\mathrm{d}P}{\mathrm{d}t} = (-r_2 + \theta N)P \tag{4.9}$$

其中，θ 是猎物被捕食者捕杀的效率常数。

4.2 自适应蚁群优化算法

为了解决 ACO 算法易于陷入局部最优以及后期收敛速度慢的问题，研究并提出一种自适应的蚁群优化(SACO)算法[17,18]。在 SACO 算法中，对信息素更新公式以及信息素限制更新范围进行改进，以避免算法陷入局部最优，提高算法收敛速度。

4.2.1 信息素更新策略

为了降低较差路径对 ACO 算法寻优的影响，通过增大优秀路径上所获得的信息素量和减少较差路径上所获得的信息素量，扩大优秀路径和其他路径上信息素量的差距，从而避免算法陷入局部最优、引导算法收敛于最优路径，同时加快算法的收敛速度。

$$\Delta \tau_{ij}^{k}(t) = \frac{Q}{2^{L_k - \text{BestSolution}}} \tag{4.10}$$

其中，L_k 是蚂蚁 k 经过的路径长度，$\Delta \tau_{ij}^{k}(t)$ 为信息素增量，BestSolution 是最优解。

信息素更新策略能够快速增加优秀路径的信息素获得量，减少其他路径上信息素获得量，多次迭代后增大优秀路径和其他路径上信息素量的差距，避免算法陷入局部最优，大大加快了算法的寻优速度，有利于算法快速收敛到最优值。

4.2.2　信息素更新约束范围

为了降低较差路径上节点被选择的概率和增加优秀路径上节点被选择的概率，将信息素更新限制在一定的范围内。每个节点的信息素更新约束在如下范围：

$$\tau_{ij} \in [\tau_{\min}, \tau_{\max}] \tag{4.11}$$

当信息素完成更新后，将各边上的信息素浓度约束在区间 $[\tau_{\min}, \tau_{\max}]$ 内。若 $\tau_{ij} < \tau_{\min}$，则令 $\tau_{ij} = \tau_{\min}$；若 $\tau_{ij} > \tau_{\max}$，则令 $\tau_{ij} = \tau_{\max}$。设置初始信息素为其取值范围的上界，即 $\tau_{ij}(0) = \tau_{\max}$。

4.3　协同进化蚁群优化算法

4.3.1　协同进化蚁群优化算法思想

蚁群优化算法因简单易实现，正反馈以及本质并行等特点，得到了迅速的发展和广泛的应用。但采用蚁群优化算法求解复杂优化问题时，经常出现算法参数难以确定、早熟停滞等不理想情况[19-21]。因此，将协同进化思想和共生机制引入到蚁群优化算法中，研究一种协同进化蚁群优化（SCEACO）算法，有效降低算法对初始值与参数的敏感度，提高算法的搜索能力与效率，实现扬长避短与优势互补的目的。SCEACO 算法的基本思想是：在 SACO 算法基础上，引入合作型协同进化思想，首先将多目标优化问题分解成多个待解决的子问题，每个待解决的子问题都对应一个种群，将种群中的蚂蚁个体编译成可以进化的染色体形式 $\mathrm{Ant}_k^{(t)}(\beta_k, \rho_k, q_k)$，每只蚂蚁携带着算法的信息素因子和启发式因子之间相对重要的参数、信息素挥发系数和控制选择概率的随机数，每个种群中的个体都采用 SACO 算法计算各自的适应度值，种群内部根据个体适应度值采用精英保留策略保留一定比例的蚂蚁，其余个体进行进化操作，产生新的种群，每个种群选出当前最优个体，与不同种群的个体共同构成求解问题的一个完整解，完成种群之间的信息交互，将当前求得的最优解组成求解问题的多目标解，与当前的 Pareto 解集进行比较，对满足约束的非支配解进行保留。

4.3.2　SCEACO 算法模型

在 SACO 算法基础上，借鉴协同进化思想和共生机制，提出基于 CEA 和 SACO 的 SCEACO 算法，其算法流程如图 4.4 所示。

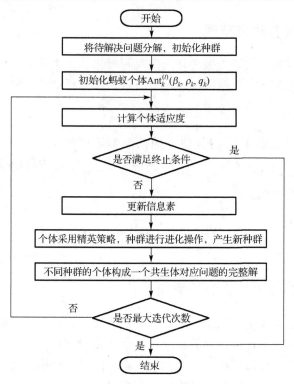

图 4.4　SCEACO 算法流程图

4.3.3　SCEACO 算法描述

在 SCEACO 算法中，多个种群有着相同的搜索空间，每个蚁群搜索活动、信息素更新策略都采用自适应蚁群优化算法，群体内部采用精英保留策略保留一定比例的精英个体，进化机制采用传统的进化算法，SCEACO 算法关键在于个体的进化和群体之间的信息交换，达到优势互补的目的。

SCEACO 算法的实现步骤描述如下：

Step 1. 将待解决的复杂优化问题按照一定的逻辑关系分解成几个子问题，每个子问题对应一个种群，同时对种群进行初始化。

Step 2. 初始化参数。初始化蚂蚁数量，每只蚂蚁以 $\mathrm{Ant}_k^{(t)}(\beta_k, \rho_k, q_k)$ 的形式存储算法的信息素因子和启发式因子之间相对重要性的参数、信息素挥发系数和选择概率的随机数、最大迭代次数等。

Step 3. 选择蚂蚁访问的下一个节点，当蚂蚁完成一次寻径行为之后，根据蚂蚁所走路径，计算出每个种群中个体的适应度值。

Step 4. 对种群中的每个个体进行信息素更新。

Step 5. 每个种群根据个体适应度值的大小采用精英保留策略保留一定比例蚂蚁，直接到下一代，其余蚂蚁进行进化操作，将进行进化操作的新个体与精英保留策略保留下来的蚂蚁组成新的种群。

Step 6. 每个种群选出当前最优个体，与不同种群的个体共同构成问题的一个完整解，实现种群信息共享与协同进化。

Step 7. 判断是否达到最大迭代次数，如果达到最大迭代次数，则停止算法并输出结果，否则转到 Step 3。

SCEACO 算法实现过程的伪代码如下：

算法 4.3：协同进化蚁群优化算法
输入：算法初始参数
输出：最优解

```
1. begin
2. for i=1: Ants_num
3.   f(i)=fitness(i)
4. end
5. if fitness(i)<=f
6.   break
7. end
8. Tau=(1-ρ)*Tau+Delta_Tau;
9. if P>rand
10.  K=randi([1,8]);
11.  Ants_vari(k)=num2str('1'-Ants_vari(k));
12. end
13. for i=1:Ants_pop
14.  Pareto(i)=fitness(F_best(i));
15. end
```

4.3.4　SCEACO 算法求解 TSP

1. 旅行商问题

旅行商问题(TSP)是一个典型的组合优化问题，描述如下[22-24]：

设 $G=(V,E)$ 为一个带权图，$V=\{1,2,3,4,\cdots,n\}$ 为顶点集，$E=\{e_{ij}=(i,j) \mid i,j\in V, i\neq j\}$ 为边集。$d_{ij}(i,j\in V, i\neq j)$ 为顶点 i 到顶点 j 的距离，其中 $d_{ij}>0$，并且 $d_{ij}=d_{ji}$，同时 $d_{ij}\neq\infty$，则 TSP 的数学模型可以描述如下：

$$z = \min \sum_i \sum_j d_{ij} x_{ij} \tag{4.12}$$

其中约束条件如下：

$$x_{ij} = \begin{cases} 1, & \text{边} e_{ij} \text{在最优路径上} \\ 0, & \text{边} e_{ij} \text{不在最优路径上} \end{cases} \tag{4.13}$$

$$\sum_{i=1}^{n} x_{ij} = 1, \quad j = 1, 2, 3, \cdots, n \tag{4.14}$$

$$\sum_{j=1}^{n} x_{ij} = 1, \quad i = 1, 2, 3, \cdots, n \tag{4.15}$$

$$x_{ij} \in \{0, 1\}, \quad i, j = 1, 2, 3, \cdots, n \tag{4.16}$$

$$\sum_{i,j \in S}^{n} x_{ij} \leqslant |S| - 1, 2 \leqslant |S| \leqslant N - 2 \tag{4.17}$$

其中，式(4.12)为 TSP 的目标函数，求经过所有顶点回路的最小距离；约束条件(4.13)～(4.16)限定回路上每个顶点仅有一条入边和一条出边；约束条件(4.17)是限定在最终路径中每个城市只访问一次，而且不存在子回路。

2. 实验环境与参数设置

为了验证 SCEACO 算法的有效性,实例城市规模数从 42 个到 130 个的 6 个 TSP 标准实例以及 ACO 算法和 SACO 算法被选择。三种算法的初始参数通过实验测试与修改进行优化确定，如表 4.2 所示。实验环境设置为：Intel(R) core(TM) i5，8GB RAM，Windows 10，MATLAB R2014b。

表 4.2　算法参数设置

算法	ACO	SACO	SCEACO
蚂蚁数量 m	30	30	30
信息素因子 α	1	1	1
启发式因子 β	5	5	5
信息素衰减系数 ρ	0.1	0.1	0.1
信息素质量系数 Q	100	100	100
最大迭代次数 NC_max	200	200	200
变异概率	—	—	0.05
精英策略保留比例	—	—	20%

3. 实验结果与分析

在实验结果中，每种算法 10 次实验结果的最大值、最小值、平均值以及方差作为算法性能评价的指标，获得的实验结果如表 4.3 所示。部分 TSP 的最优路径图，如图 4.5～图 4.7 所示。

表 4.3　求解 TSP 的实验结果

实例	算法	最优值	最大值	最小值	方差	平均值
dantzig42	ACO	699	726.2402	707.7596	9.2403	718.5473
	SACO		737.1451	704.6353	16.2549	717.5899
	SCEACO		718.8354	703.1199	7.85775	711.02192
ch130	ACO	6110	6473.2	6311.2	81	6399.8
	SACO		6467.8	6307.5	80.15	6384.83
	SCEACO		6273.5	6183.4	45.05	6235.95
eil101	ACO	629	708.2028	683.7806	12.2111	694.7517
	SACO		702.5375	680.3677	11.0849	692.7951
	SCEACO		686.246	668.236	9.005	677.4336
pr107	ACO	44303	46585	46124	230.5	46414.6
	SACO		46292	45690	301	46050.3
	SCEACO		46103	45649	227	45970.6
berlin52	ACO	7542	7757.4	7663.6	46.9	7687.21
	SACO		7681.5	7589	66.25	7622.4
	SCEACO		7613.7	7548.6	37.55	7621.36
eil51	ACO	426	455.8169	443.3749	6.221	449.9112
	SACO		452.6667	440.6427	6.012	446.1779
	SCEACO		439.9814	429.8871	5.0472	435.2440

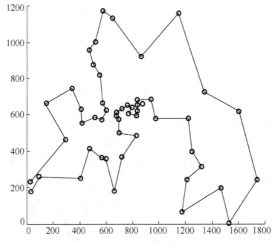

图 4.5　berlin52 问题的最优路径图

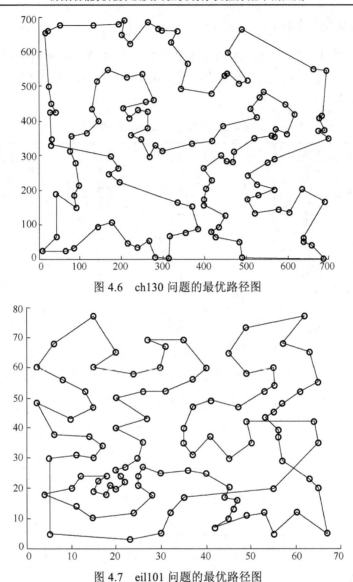

图 4.6　ch130 问题的最优路径图

图 4.7　eil101 问题的最优路径图

　　从表 4.3 和图 4.5～图 4.7 可以看出，SCEACO 算法在求解 TSP 标准实例上的最小值是最好的，尤其对于 berlin52、eil51 和 dantzig42 三个 TSP 标准实例，SCEACO 算法所求得的最优值分别为 7548.6、429.8871 和 703.1199，接近于最优值 7542、426 和 699，表明 SCEACO 算法具有更好的寻优能力。从平均值以及方差结果也可以看出，SCEACO 算法的实验结果也是最好，表明 SCEACO 算法具有全局优化性能和较好的稳定性。

4.4　SCEACO 算法参数自适应调整与协作策略

4.4.1　参数自适应调整策略

在 SCEACO 算法中，首先将待解决问题分解成几个容易解决的子问题，为每个种群分配一个待解决的子问题，每个种群各自解决不同的子问题，所以有的种群在每次迭代的过程中，会出现个体适应度值存在较大的差异，导致 $L_k(t)-\text{BestSolution}$ 得到一个很大的值，从而可能影响蚂蚁的全局寻优能力，陷入局部最优。因此，信息素增量可采用一种自适应调整策略进行调整，即

$$\Delta\tau_{ij}^{k}(t)=\frac{Q}{2^{\text{coef}}}\tag{4.18}$$

其中，$\text{coef}=\begin{cases}-1, & L_k(t)-\text{BestSolution}<0 \\ 1, & L_k(t)-\text{BestSolution}\geqslant 0\end{cases}$

参数自适应调整策略解决了每个种群在求解不同子问题时，出现当前适应度值与最佳适应度值的差值过大，导致信息素更新增量过大，进而引起算法陷入局部最优的问题。

4.4.2　参数协作策略

SCEACO 算法将种群中的蚂蚁个体看作是可以进化的个体，每只蚂蚁中携带着算法的参数，通过引入个体的进化操作，实现 SCEACO 算法参数的协作。

首先，SCEACO 算法将个体形式化为 $\text{Ant}_k^{(t)}(\beta_k,\rho_k,q_k)$，其中 β_k 是蚂蚁 k 控制信息素因子和启发式因子之间相对重要性的参数，ρ_k 是蚂蚁 k 的信息素挥发系数，q_k 是控制蚂蚁 k 选择概率的一个随机数。用 24 个二进制位来表示一条染色体 (β_k,ρ_k,q_k)，每个基因 8 位。参数 ρ_k、q_k 的变化范围[0,1]，参数 β_k 的变化范围[0,5]。一个蚂蚁个体的形式化描述如图 4.8 所示。其中参数 β_1,ρ_1,q_1 分别为 2、0.1、0.5。个体进化时，采用单点变异的方式，选择染色体某一位的方式采用轮盘赌选择方法，如采用轮盘赌选择方法选择染色体的第 4 位，则将染色的第 4 位进行取反操作，变异后的染色体编码如图 4.9 所示。此时个体中的参数 β_1,ρ_1,q_1 变化为 2.314、0.1、0.5。随着迭代次数的变化，种群中差的个体，通过变异操作将被淘汰，种群中的个体都向着产生最优解的参数组合方向变化，从而实现 SCEACO 算法的参数协作。

图 4.8　蚂蚁个体染色体编码

图 4.9　变异后的个体染色体编码

4.5　机场停机位分配多目标优化模型的建立

4.5.1　优化目标函数的构建

1) 各停机位空闲时间最均衡

$$F_1 = \min\left(\sum_{i=1}^{n}\sum_{j=1}^{m}S_{ij}^2 + \sum_{j=1}^{m}SS_j^2\right) \tag{4.19}$$

其中，S_{ij} 为航班 i 到达机位时 j 前此停机位的空闲时间；SS_j 表示完成所有服务后的停机位空闲时间。

2) 旅客总行走距离之和最短

$$F_2 = \min\sum_{i=1}^{n}\sum_{j=1}^{m}q_{ij}f_jy_{ij} \tag{4.20}$$

其中，q_{ij} 是指被分配到停机位 j 上的航班 i 的旅客人数；f_j 是指旅客到达停机位 j 所需行走的距离；y_{ij} 为 0-1 变量；i 表示航班，j 表示停机位。

3) 停机位占用率最大

$$F_3 = -\min\sum_{i=1}^{n}G_i \tag{4.21}$$

其中，G_i 为 0-1 变量，表示航班是否停靠在停机坪远机位。

4.5.2　多目标优化模型的无量化

采用 3.3.2 节的多目标优化模型无量化处理方法，处理构建的机场停机位分配多目标优化模型，获得机场停机位分配优化目标函数，可表示为：

$$F = \frac{W_1}{F_1^0}\left[\sum_{i=1}^{n}\sum_{k=1}^{m}S_{ik}^2 + \sum_{k=1}^{m}SS_k^2\right] + \frac{W_2}{F_2^0}\sum_{i=1}^{n}\sum_{j=1}^{m}q_{ij}f_jy_{ij} - \frac{W_3}{F_3^0}\sum_{i=1}^{n}G_i \tag{4.22}$$

4.6　SCEACO 算法求解停机位分配优化模型

4.6.1　机场停机位分配优化方法

机场停机位分配的不合理，不但增加航班的延误、资源利用率下降，造成旅客满意度的下降,而且还增加了航空公司和机场的运营成本。而提出的 SCEACO 算法具有正反馈以及本质并行、较强的搜索能力和较高的效率等特点。因此,将 SCEACO 算法用于求解机场停机位分配复杂优化问题,提出一种基于 SCEACO 算法的机场停机位分配优化方法,实现机场停机位的有效分配[25,26]。

4.6.2　机场停机位分配流程

针对构建的机场停机位分配优化目标函数,采用提出的 SCEACO 算法求解机场停机位分配优化模型,其流程如图 4.10 所示。

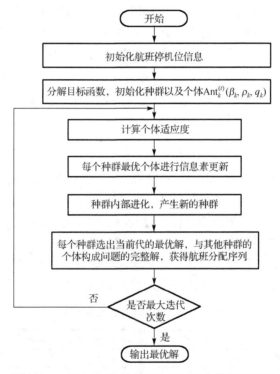

图 4.10　SCEACO 求解停机位分配优化模型流程图

4.6.3　机场停机位分配步骤

采用 SCEACO 算法求解停机位分配优化模型的详细步骤,描述如下:

Step 1.　初始化 SCEACO 算法参数,包括种群规模、信息素因子、启发式因子、信息素挥发系数、最大迭代次数等。

Step 2.　读取停机位和航班信息,将航班冲突转化为图的形式储存。

Step 3.　将目标函数分解为多个子函数,每个子函数对应一个种群,初始化种群中的个体数量,每只蚂蚁以 $\mathrm{Ant}_k^{(t)}(\beta_k, \rho_k, q_k)$ 的形式存储算法的信息素因子和启发式因子的相对重要性参数、信息素挥发系数和控制选择概率的随机数。

Step 4. 每个种群根据所分配的不同目标函数计算每个个体的适应度。

Step 5. 每个种群中的最优个体进行信息素更新。

Step 6. 每个种群根据个体适应度值的大小采用精英保留策略保留一定比例的精英个体,直接进入下一代,其余个体进行进化操作,将进化操作的新个体与精英保留策略保留下来的蚂蚁组成新的种群。

Step 7. 每个种群选出当代的最优个体,与其他种群的个体共同构成问题的一个完整解,获得机场航班的分配结果,并将得到的结果与当前的 Pareto 解集进行比较,对满足约束的非支配解进行保留,删除解集中的支配解。

Step 8. 判断是否满足终止条件或者达到最大迭代次数,如果满足终止条件或者达到最大迭代次数,则输出停机位分配结果,否则转到 Step 4。

4.7　算 例 分 析

4.7.1　实验数据

选取广州白云机场 2015 年 7 月 26 日的 201 个航班和 30 个停机位作为实验数据来验证所提方法的有效性。停机位分为大(L)、中(M)、小(S)三种类型,航班也分为(L)、中(M)、小(S)三种机型。停机位按照旅客步行距离分为较近的停机位和较远的停机机位,其中规定旅客步行步数小于 950 米为较近的停机位,大于 950 米为较远的停机位。没有分配到停机位上的航班全部停放在停机坪远机位上。停机位详细信息如表 4.4 所示,部分航班详细信息如表 4.4 所示。

表 4.4　机场停机位的详细信息

停机位编号	旅客步行距离/m	停机位型号	停机位编号	旅客步行距离/m	停机位型号
1	190	M	12	235	L
2	975	M	13	1200	S
3	400	L	14	580	L
4	333	M	15	440	L
5	260	L	16	115	L
6	135	S	17	215	M
7	1100	M	18	535	S
8	150	M	19	1050	M
9	384	L	20	170	M
10	960	M	21	585	L
11	1000	S	22	1250	M

续表

停机位编号	旅客步行距离/m	停机位型号	停机位编号	旅客步行距离/m	停机位型号
23	500	L	27	265	L
24	920	L	28	450	L
25	270	L	29	1300	M
26	230	M	30	426	L

表 4.5　机场部分航班详细信息

航班编号	进港时间	出港时间	旅客步行步数/m	航班类型
1	2015-07-26 0:05:00	2015-07-26 5:15:00	482	L
2	2015-07-26 0:05:00	2015-07-26 5:45:00	273	M
3	2015-07-26 0:10:00	2015-07-26 5:30:00	261	M
4	2015-07-26 0:15:00	2015-07-26 5:30:00	116	M
5	2015-07-26 0:15:00	2015-07-26 5:15:00	244	M
6	2015-07-26 0:20:00	2015-07-26 5:30:00	312	L
7	2015-07-26 0:25:00	2015-07-26 5:20:00	340	L
8	2015-07-26 0:30:00	2015-07-26 6:00:00	198	M
9	2015-07-26 0:35:00	2015-07-26 6:10:00	184	M
10	2015-07-26 0:35:00	2015-07-26 6:55:00	494	L
11	2015-07-26 0:40:00	2015-07-26 6:00:00	19	S
12	2015-07-26 0:45:00	2015-07-26 6:40:00	443	L
13	2015-07-26 0:50:00	2015-07-26 6:35:00	457	L
14	2015-07-26 0:55:00	2015-7-26 6:40:00	398	L
15	2015-07-26 0:55:00	2015-07-26 6:30:00	49	S
16	2015-07-26 1:00:00	2015-07-26 6:45:00	131	M
17	2015-07-26 1:00:00	2015-07-26 7:25:00	340	L
18	2015-07-26 1:05:00	2015-07-26 6:35:00	68	S
19	2015-07-26 1:10:00	2015-07-26 6:55:00	361	L
20	2015-07-26 1:15:00	2015-07-26 7:15:00	53	S
21	2015-07-26 1:20:00	2015-07-26 7:45:00	327	L
22	2015-07-26 1:20:00	2015-07-26 8:30:00	247	M
⋮	⋮	⋮	⋮	⋮
200	2015-07-26 19:30:00	2015-07-26 20:25:00	252	S
201	2015-07-26 19:35:00	2015-07-26 20:25:00	378	M

4.7.2　实验环境与参数设置

实验环境设置为：Intel(R) core(TM) i5，8GB RAM，Windows 10，MATLAB R2014b。SCEACO 算法的参数设置，如表 4.6 所示。

表 4.6　SCEACO 算法参数设置

算法参数	参数值
蚂蚁数量 m	30
信息素因子 α	2
启发式因子 β	2
信息素挥发系数 ρ	0.1
信息素总量 Q	100
最大迭代次数 NC_max	200
变异概率	0.05
精英策略保留比例	20%

4.7.3　实验结果与分析

采用 SCEACO 算法对构建的机场停机位分配多目标优化模型进行了 20 次独立求解，选取其中最好的一次停机位分配结果进行分析，获得的停机位分配结果如表4.7 所示，对应的停机位分配结果甘特图，如图 4.11 所示。

表 4.7　停机位分配结果

停机位	航班编号										总计
1	38	59	78	96	140	172					6
2	36	116	135	159							4
3	34	74	95	107	134	148					6
4	8	32	101	110	147	173					6
5	15	41	56	71	94	100	113	129	157		9
6	31	51	126	141	169						5
7	17	65	89	124	179						5
8	1	30	46	60	164						5
9	10	29	40	58	70	88	139	146	156		9
10	16	48	90	161							4
11	13	37	53	145	171						5
12	14	61	72	92	106	115	131	144	155	193	10
13	3	133	151	160	189						5
14	28	39	50	132	152	163	198				7
15	18	44	68	166	185	192					6
16	26	42	108	119	123	162	184				7
17	6	45	55	67	109	150	195				7

续表

停机位	航班编号									总计
18	25	82	86	167	199					5
19	4	112	197							3
20	24	43	57	69	187					5
21	23	87	105	118	125	158	188			7
22	22	177	183							3
23	9	21	33	47	52	64	73	168	181	191	10
24	2	99	111	122	130	149	170	190		8
25	11	35	54	63	83	194				6
26	12	27	117	128	138	176	182			7
27	20	49	62	80	85	153	196			7
28	7	75	91	104	120	127	137	201		8
29	19	66	154	200						4
30	5	93	114	121	136	165	186			7
合计										186

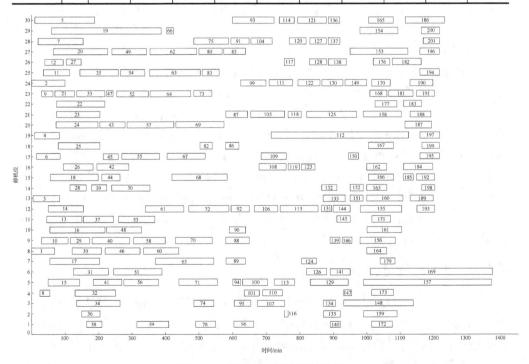

图 4.11　停机位分配结果甘特图

为了能够更直观了解机场各停机位分配航班数量的情况,机场 30 个停机位分配到的航班数量统计结果,如图 4.12 所示。

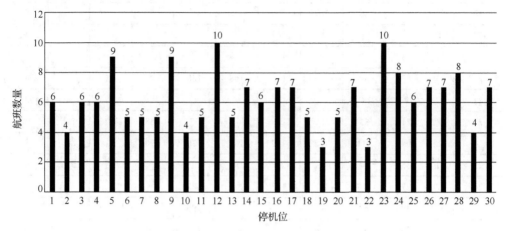

图 4.12　各停机位分配航班数量

从表 4.7、图 4.11 和图 4.12 的机场停机位分配结果可以看出,一共有 186 个航班被分配给 30 个机场停机位,15 个航班被分配到了机场停机坪的远机位,航班分配率为 92.5%。从各个停机位分配航班数量来看,各个停机位分配到的航班数量比较均衡,25 个停机位均分配到了 5 个或以上航班数量,其中 12 号和 23 号停机位离安检口较近,分配的航班数最多,均分配到 10 个航班;5 号和 9 号停机位均分配到 9 个航班,24 号和 28 号停机位均分配到 8 个航班,14 号、16 号、17 号、21 号、26 号、27 号和 30 号停机位均分配到 7 个航班,1 号、3 号、4 号、15 号和 25 号停机位均分配到 6 个航班,6~8 号、11 号、13 号、18 号和 20 号停机位均分配到 5 个航班,2 号、10 号和 29 号停机位均分配到 4 个航班,19 号和 22 号停机位均分配到 3 个航班。可以看出,离安检口较近的停机位,均分配到较多的航班,而离安检口较远的停机位,则分配到较少的航班。综上可知,采用提出的 SCEACO 算法来求解机场停机位分配目标优化模型,能获得较理想的停机位分配结果,旅客步行距离尽可能短、各个停机位分配的航班尽可能均衡。

4.7.4　结果比较与分析

为了验证 SCEACO 算法的有效性,选取了 ACO 算法和 SACO 算法进行比较分析。ACO 算法、SACO 算法和 SCEACO 算法分别用于求解机场停机位分配多目标优化模型,获得的机场停机位分配结果,如表 4.8 所示;优化目标函数最优值比较结果,如图 4.13 所示。

表 4.8　三种算法实验结果

算法	ACO 算法			SACO 算法			SCEACO 算法		
次数	最优解出现代数	最优解值	航班分配数量	最优解出现代数	最优解值	航班分配数量	最优解出现代数	最优解值	航班分配数量
1	103	0.4010	155	32	0.3665	165	76	0.3216	181
2	126	0.3941	158	93	0.3686	161	83	0.3243	174
3	115	0.3962	153	98	0.3553	156	60	0.3269	171
4	58	0.3755	162	85	0.3662	151	21	0.3220	177
5	64	0.3847	166	79	0.3689	170	58	0.3182	182
6	149	0.4070	155	61	0.3658	168	33	0.3266	173
7	121	0.3998	157	82	0.3764	162	64	0.3160	186
8	158	0.3938	166	114	0.3689	180	88	0.3225	175
9	74	0.3855	163	77	0.3613	162	18	0.3246	173
10	143	0.3987	167	83	0.3648	153	96	0.3185	183
11	69	0.3891	162	105	0.3565	167	10	0.3165	181
12	79	0.3973	154	100	0.3698	162	20	0.3227	180
13	156	0.3826	159	39	0.3471	167	37	0.3168	175
14	37	0.3990	163	74	0.3609	164	43	0.3169	176
15	103	0.3805	163	168	0.3742	164	88	0.3198	177
16	138	0.4016	155	41	0.3676	155	80	0.3207	183
17	65	0.3984	161	80	0.3556	163	76	0.3244	182
18	97	0.3988	157	73	0.3718	158	34	0.3217	183
19	141	0.3793	166	11	0.3632	155	28	0.3200	183
20	109	0.3974	158	73	0.3689	167	44	0.3244	173
均值	105.5	0.3930	160	78.4	0.3649	162.5	52.85	0.3213	178.4

从表 4.8 和图 4.13 中可以看到，在 20 次实验中，ACO 算法求解机场停机位分配多目标优化模型获得的最优值为 0.3755，SACO 算法求解机场停机位分配多目标优化模型获得的最优解为 0.3471，SCEACO 算法求解机场停机位分配多目标优化模型获得的最优解为 0.3160，因此 SCEACO 算法获得的最优解要优于 ACO 和 SACO 算法。对比这三种算法 20 次实验的最差最优解，ACO 算法求解机场停机位分配多目标优化模型获得的最差最优解为 0.4070，SACO 算法求解机场停机位分配多目标优化模型获得的最差最优解为 0.3764，SCEACO 算法求解机场停机位分配多目标优

化模型获得的最差最优解为 0.3269，由此结果可以说明 SCEACO 算法较 ACO 算法和 SACO 算法具有更好的寻优能力。ACO 算法求解机场停机位分配多目标优化模型获得的最优平均值为 0.3930，SACO 算法求解机场停机位分配多目标优化模型获得的最优平均值为 0.3649，SCEACO 算法求解机场停机位分配多目标优化模型获得的最优平均值为 0.3213，因此在 20 次实验中，SCEACO 算法求解机场停机位分配多目标优化模型获得的最优平均值优于 ACO 算法和 SACO 算法求解机场停机位分配多目标优化模型获得的最优平均值，由此可以说明 SCEACO 算法具有更好的优化性能与稳定性。从获得最优解的代数来看，ACO 算法获得最优解出现的平均代数为 105.5，SACO 算法获得最优解出现的平均代数为 78.4，SCEACO 算法最优解出现的平均代数为 52.85，由此可以说明 SCEACO 算法求解机场停机位分配多目标优化模型时能够更早获得最优值，它表现出更快的寻优速度和更好的寻优能力。

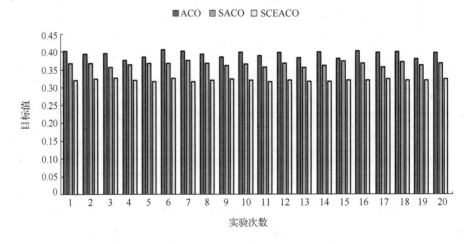

图 4.13　实验结果对比图

　　ACO、SACO 和 SCEACO 三种算法求解机场停机位分配多目标优化模型时，寻优过程曲线，如图 4.14 所示。

　　从图 4.14 中可以看出，ACO、SACO 和 SCEACO 算法分别用于求解机场停机位分配多目标优化模型时，SCEACO 算法首次迭代获得的目标函数值就要优于 ACO 和 SACO 算法获得的目标函数值。由于 SCEACO 算法先将问题分解为几个子问题来求解，从而避免了求解问题对算法的影响。从图 4.14 中还可以看出，SCEACO 算法在迭代 20 次就找到了目标函数的最优解，收敛速度明显快于 ACO 和 SACO 算法，这是因为 SCEACO 算法种群内部的变异操作能够使某些蚂蚁调整算法的参数组合，从而有更大的机会搜索到更优值，这说明了 SCEACO 算法具有更有效的寻优能力。

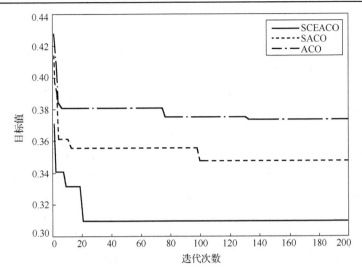

图 4.14　三种算法求解停机位分配问题的寻优过程

4.8　本　章　小　结

本章首先介绍了协同进化算法的基本理论和算法框架,然后针对蚁群优化算法的不足,提出了 SACO 算法。在此基础上,结合基于合作型协同进化模式,借鉴并行机制,提出了 SCEACO 算法,详细介绍了 SCEACO 算法的思想、流程、步骤,建立了机场停机位分配多目标优化模型,提出了基于 SCEACO 算法的机场停机位分配优化方法,实现了机场停机位的有效分配。通过对机场 201 个航班分配到 30 个停机位的实例验证,结果表明 SCEACO 算法具有较快的寻优速度和较强的寻优能力。机场停机位分配优化方法能获得理想的停机位分配结果,使旅客步行距离尽可能短、各个停机位分配的航班尽可能均衡。

参 考 文 献

[1]　焦李成. 协同进化计算与多智能体系统[M]. 北京: 科学出版社, 2000.

[2]　Wang R, Purshouse R C, Fleming P J. Preference-inspired coevolutionary algorithms for many-objective optimization[J]. IEEE Transactions on Evolutionary Computation, 2013, 17(4): 474-494.

[3]　邓武. 基于协同进化的混合智能优化算法及其应用研究[D]. 大连: 大连海事大学, 2012.

[4]　Liu R C, Chen Y Y, Ma W P, et al. A novel cooperative coevolutionary dynamic multi-objective optimization algorithm using a new predictive model[J]. Soft Computing, 2014, 18(10):

1913-1929.

[5] Hillis D W. Co-evolving parasites improve simulated evolution as an optimization procedur[J]. Physica D: Nonlinear Phenomena, 1990, 42(1-3): 228-234.

[6] Shang R H, Wang Y Y, Wang J, et al. A multi-population cooperative coevolutionary algorithm for multi-objective capacitated arc routing problem[J]. Information Sciences, 2014, 227: 609-642.

[7] de Oliveira F B, Enayatifar R, Sadaei H J, et al. A cooperative coevolutionary algorithm for the multi-depot vehicle routing problem[J]. Expert Systems with Applications, 2016, 43: 117-130.

[8] Krynicki K, Jaen J, Navarro E. An ACO-based personalized learning technique in support of people with acquired brain injury[J]. Applied Soft Computing, 2016, 47: 316-331.

[9] Potter M, de Jong K. Cooperative coevolution: An architecture for evolving coadapted subcomponents[J]. Evolutionary Computation, 2000, 8(1): 1-29.

[10] Potter M, de Jong K. A cooperative coevolutionary approach to function optimization[C]. Proceedings of Parallel Problem Solving from Nature, 1994: 249-257.

[11] van den Bergh F, Engelbrecht A P. A cooperative approach to particle swarm optimization. IEEE Transactions on Evolutionary Computation, 2004, 8(3): 225-239.

[12] Cao B, Zhao J W, Lv Z H, et al. A distributed parallel cooperative coevolutionary multiobjective evolutionary algorithm for large-scale optimization[J]. IEEE Transactions on Industrial Informatics, 2017, 13(4): 2030-2038.

[13] Luis M A, Coello C A. Coevolutionary multiobjective evolutionary algorithms: Survey of the state-of-the-art[J]. IEEE Transactions on Evolutionary Computation, 2018, 22(6): 851-865.

[14] Deng W, Xu J J, Zhao H M. An improved ant colony optimization algorithm based on hybrid strategies for scheduling problem[J]. IEEE Access, 2019, 7: 20281-20292.

[15] Rosin C, Belew R. New methods for competitive coevolution[J]. Evolutionary Computation, 1997, 5(1): 1-29.

[16] 尚玉昌. 普通生态学[M]. 北京: 北京大学出版社, 2002.

[17] Zhao H M, Gao W T, Deng W, et al. Study on an adaptive co-evolutionary ACO algorithm for complex optimization problems[J]. Symmetry-Basel, 2018, 10(4): 104.

[18] 陶振武, 肖人彬. 协同进化蚁群算法及其在多目标优化中的应用[J]. 模式识别与人工智, 2005, 18(5): 588-595.

[19] 孙萌. 协同进化蚁群优化算法研究及在枢纽机场停机位分配中的应用[D]. 大连: 大连交通大学, 2018.

[20] Zhang Y H, Gong Y J, Gu T L, et al. DECAL: Decomposition-based coevolutionary algorithm for many-objective optimization[J]. IEEE Transactions on Cybernetics, 2019, 49(1): 27-41.

[21] 冯兴杰, 杜姗姗. 多蚁群协同进化的滑行道调度优化[J]. 计算机工程与设计, 2015, 36(7): 1976-1880.

[22] 刘升, 朱峰, 游晓明. 求解 TSP 问题的蚁群优化算法研究进展[J]. 计算机工程与设计, 2010, 31(14): 3274-3276.

[23] Zhou Y Q, Wang R, Zhao C Y, et al. Discrete greedy flower pollination algorithm for spherical traveling salesman problem[J]. Neural Computing & Applications, 2019, 31(7): 2155-2170.

[24] Chen X, Zhou Y Q, Tang Z H, et al. A hybrid algorithm combining glowworm swarm optimization and complete 2-opt algorithm for spherical travelling salesman problems[J]. Applied Soft Computing, 2017, 58: 104-114.

[25] Deng W, Sun M, Zhao H M, et al. Study on an airport gate assignment method based on improved ACO algorithm[J]. Kybernetes, 2018, 47(1): 20-43.

[26] 邓武, 赵慧敏, 孙萌, 等. 基于改进 ACO 算法的枢纽机场停机位的优化分配方法[P]. 中国: 201710427323.2. 2019-09-27.

第 5 章　多策略差分进化算法求解机场停机位分配问题

本章介绍差分进化算法的基本原理和优缺点,针对差分进化算法的不足,在分析差分进化算法五种变异策略各自特点的基础上,研究一种基于五种变异策略优势互补的最优变异策略,在此基础上引入小波基函数和正态分布,研究一种基于控制参数和最优变异策略的差分进化(differential evolution with control parameters and optimal mutation strategy,CPOMSDE)算法,通过标准测试函数和机场停机位分配问题验证算法的可行性和有效性。

5.1　差分进化算法

5.1.1　差分进化算法原理

差分进化(differential evolution,DE)算法是一种简单高效的随机全局优化方法,它采用了遗传算法的基本框架,同时借鉴了 Nelder-Mead 单纯形方法设计了独特的差分变异算子[1-3]。差分进化算法包括初始化、变异、交叉和选择 4 种操作。变异操作是差分进化算法的核心,它有效地利用群体分布特性,提高算法的搜索能力。在 DE 算法寻优过程中,首先,从父代个体间选择两个个体进行向量做差,生成差分矢量;其次,选择另外一个个体与差分矢量求和,生成实验个体;然后,对父代个体与相应的实验个体进行交叉操作,生成新的子代个体;最后,在父代个体和子代个体之间进行选择操作,将符合要求的个体保存到下一代群体中去[4-8]。DE 算法的流程如图 5.1 所示。

1. 种群初始化

差分进化算法是由种群大小为 NP 个 D 维个体矢量 $x_i^t = (x_1^t, x_2^t, \cdots, x_{NP}^t)$ 构成的种群在搜索空间进行优化寻优(其中 t 表示进化代数)。初始化种群个体矢量的分布应尽可能覆盖整个搜索空间,以种群中第 i 个矢量的第 j 个分量初始参数值为例,采用下面的公式来初始化[9-11]:

$$x_{ji}(0) = x_{j_{\min}} + \mathrm{rand}(0,1) \times (x_{j_{\max}} - x_{j_{\min}}) \quad (j = 0,1,2,\cdots,D) \tag{5.1}$$

其中,$x_{j_{\min}}$ 和 $x_{j_{\max}}$ 分别表示种群中个体的下界和上界;rand 是[0,1]上的均匀随机数生成器。

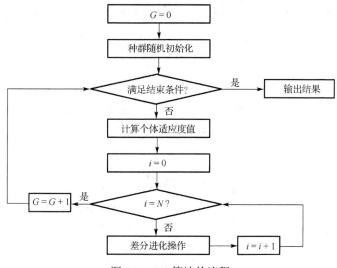

图 5.1　DE 算法的流程

2. 变异操作

变异操作是差分进化算法与遗传算法的不同之处。差分进化算法是通过差分策略对每个目标向量实现个体变异，即变异成分是父代的差分矢量，每个矢量对包括父代两个不同的个体 (x_{g1}^t, x_{g2}^t)。根据变异个体的生成方法不同，提出了众多不同的变异策略，具体如下[12-15]：

（1）DE/rand/1/bin：

$$x_k = x_{g3}^t + F \times (x_{g1}^t - x_{g2}^t) \tag{5.2}$$

（2）DE/rand/2/bin：

$$x_k = x_{g3}^t + F \times [(x_{g1}^t - x_{g2}^t) + (x_{g4}^t - x_{g5}^t)] \tag{5.3}$$

（3）DE/best/1/bin：

$$x_k = x_{g_{best}}^t + F \times (x_{g1}^t - x_{g2}^t) \tag{5.4}$$

（4）DE/rand/2/bin：

$$x_k = x_{g_{best}}^t + F \times [(x_{g1}^t - x_{g2}^t) + (x_{g4}^t - x_{g5}^t)] \tag{5.5}$$

（5）DE/rand-to-best/1：

$$x_k = x_{g3}^t + F \times [(x_{g1}^t - x_{g2}^t) + (x_{g_{best}}^t - x_{g3}^t)] \tag{5.6}$$

其中，x_{g1}^t、x_{g2}^t、x_{g3}^t、x_{g4}^t、x_{g5}^t 是互不相同的随机个体，$x_{g_{best}}^t$ 是表示第 g 代种群中适应度函数值最好的个体，F 是缩放因子，且 $F > 0$。

3. 交叉操作

交叉操作是变异产生的个体 x_k 和种群中第 i 个个体 x_i^t 进行均匀交叉，用来补偿上一步的变异搜索，进而产生试验向量 x_G。交叉操作主要有两种形式，即二项式交叉和指数交叉[16-19]。二项式交叉方法的交叉操作方程，可表示为：

$$x_{Gj} = \begin{cases} x_{kj}, & \text{rand}(0,1) \leqslant \text{CR或} j = j_{\text{rand}} \\ x_{ij}^t, & \text{其他} \end{cases} \quad j = 1, 2, \cdots, D \quad (5.7)$$

其中，$j_{\text{rand}} \in \{1, 2, \cdots, D\}$ 是一个随机整数，用来保证目标个体 x_i^t 至少有一个分量进行了交叉操作；CR 为交叉概率，且 $\text{CR} \in [0,1]$。

　　4. 选择操作

差分进化算法是基于贪婪的选择策略产生子代个体，经过交叉操作后的试验个体 x_G 和 x_i^t 进行竞争，两者中适应度更优的个体被选为子代个体，如果目标函数要被最小化，其选择操作的方程可表示为[20-22]：

$$x_i^{t+1} = \begin{cases} x_G, & f(x_T) < f(x_i^t) \\ x_i^t, & f(x_T) \geqslant f(x_i^t) \end{cases} \quad (5.8)$$

5.1.2　差分进化算法的优缺点

DE 算法具有许多优点，如算法结构简单易于执行，并且具有优化效率高、参数设置少、鲁棒性好等特点[23,24]。同时，DE 算法也存在一些不足，如算法容易陷入局部最优，而且存在停滞现象，固定缩放因子 F 导致算法收敛速度与计算精度相互制约，容易出现早熟现象等[25-27]。

5.2　CPOMSDE 算法

5.2.1　CPOMSDE 算法的思想

传统 DE 算法的性能很大程度上取决于选择的试验向量生成策略和选取的相关参数值。DE 算法的缩放因子 F 和交叉概率 CR 两个自身控制参数对其性能影响较大。缩放因子 F 与算法搜索步长密切相关，在不同的搜索阶段 DE 算法可能有不同的搜索步长。交叉概率 CR 能够反映子代从父代直接继承信息的概率，对 DE 算法的搜索能力和收敛性也有较大的影响。DE 算法在进化过程中，其收缩因子和交叉概率两个控制参数一般通过试验或凭经验选取初始值，导致 DE 算法的效率和可靠性不高。对于求解不同的复杂优化问题，DE 算法通常难以确定最合适的控制参数取值，同时在选择变异策略时过于"贪婪"的策略收敛速度快但容易陷入局部最优，种群多样性的策略搜索能力强但效率较低。如果 DE 算法选择不合适的控制参数和变异策略，可能导致 DE 算法早熟收敛或停滞。因此，为了解决 DE 算法难以均衡局部搜索和全局搜索、收敛速度慢、容易陷入局部最优等问题，引入小波基函数来有效控制缩放因子 F 以及采用正态分布来控制交叉概率 CR，以保证解的多样性、加速 DE 算法收敛和提高 DE 算法优化性能。针对 DE 算法变异策略选择问题，在分析 DE 算法五种变异策略各自特点的基础上，提出一种基于五种变异策略优势互补的最优变异策略，用于提高 DE 算法的局部搜索能力，保证算法的全局搜索特性，进而提高 DE 算法的整体优化性能。基于以上分析，提出并实现一种基于控制参数和最优变异策略的差分进化算法，以提高其整体优化性能[28-31]。

5.2.2　小波基函数改进缩放因子

　　DE 算法的缩放因子 F 与搜索步长密切相关，在不同的搜索阶段 DE 算法有不同的搜索步长。当种群个体离全局最优点较远时，较大的搜索步长将有助于 DE 算法快速收敛到较好的子空间，而当种群个体离全局最优点较近时，较小的搜索步长则有助于 DE 算法准确找到更优解。因此，针对 DE 算法的缩放因子 F 选择问题，将小波基函数引入到 DE 算法中，充分利用小波基函数的特点，实现 DE 算法缩放因子 F 的改进。常用小波基函数主要有 Haar 小波、Daubechies(dbN) 小波、Mexican Hat(mexh) 小波、Morlet 小波、Meyer 小波等。由于 Mexican Hat 小波的 Mexican Hat 函数为 Gauss 函数二阶导数，在时间域与频率域都有很好的局部优化特点，因此采用 Mexican Hat 小波来改进缩放因子 F，其值在 $(0,1)$ 之间随机取值，这样避免出现早熟收敛现象，防止收敛到局部最优，同时也增加了解的多样性[32]。Mexican Hat 小波函数特性，如图 5.2 所示。DE 算法缩放因子 F 的改进表达式，可表示为：

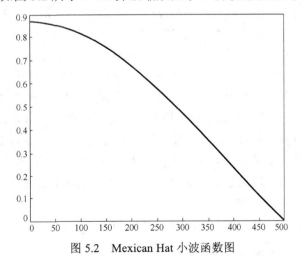

图 5.2　Mexican Hat 小波函数图

$$F = \frac{2}{\sqrt{3}} \cdot \pi^{-\frac{1}{4}} \cdot (1-x^2) \cdot e^{-\frac{x^2}{2}} \tag{5.9}$$

其中，x 是 $(0,1)$ 之间的随机数。

当 x 的取值是 $(0,1)$ 之间的随机数时，DE 算法缩放因子 F 的取值，如图 5.3 所示。

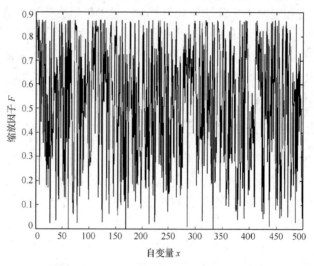

图 5.3　F 在 $(0,1)$ 之间的随机值

5.2.3　正态分布改进交叉概率

交叉概率 CR 是用来表示变量发生变异的概率，它反映了子代从父代直接继承信息的概率。交叉概率 CR 的值对 DE 算法的性能具有重要的影响，不合理的交叉概率 CR 值会使 DE 算法过早收敛甚至提前终止。因此 DE 算法性能好坏与交叉概率 CR 的值密切相关。如果交叉概率 CR 取值较大，虽然可以加快算法的收敛，但是可能收敛结果不是全局最优解而是一个局部最优解。如果交叉概率 CR 取值较小，则表示一个试验向量的个体变量来源于原来的个体比例变大，这样导致种群个体间的互异性不好，进一步影响算法的收敛速度，最后影响到整个算法的寻优好坏。

从上述分析可知，DE 算法中交叉概率 CR 的值是服从正态分布的。如果让交叉概率 CR 的值随着 DE 算法的迭代过程呈现为动态变化，不同交叉概率 CR 值对 DE 算法有不同的影响，并能快速适应不同的优化目标函数。综合考虑到种群个体的互异性和算法的收敛性，以提高 DE 算法的效率，因此，基于正态分布的交叉概率 CR 值动态变化过程，可表示为：

$$CR = N(0,1) \tag{5.10}$$

5.2.4　最优变异策略

变异策略可以表示为一个基本向量和一个差分向量加权相加的形式，基本向量是用于引导和调整种群进化方向，差分向量起到随机扰动、精细搜索的作用。DE

算法五种常用的变异策略各有特点，具体分析如下：

1）DE/rand/1 变异策略

该变异策略具有很好的全局搜索能力，能有效处理连续空间的寻优问题，并且也能较好地处理单峰及多峰优化问题，但是该变异策略的收敛性较差。

2）DE/rand/2 变异策略

该变异策略具有很好的全局搜索能力，但是它的收敛速度比较缓慢。

3）DE/best/1 和 DE/best/2 变异策略

根据这两种变异策略的特点，在 DE 算法进化初期以 $x_{(best,G)}$ 为基准个体，对算法的收敛方向有很好的导向作用，从而有利于 DE 算法向 Pareto 靠近，但会导致全局搜索能力下降；而在 DE 算法进化后期，由于个体之间的差异变小，因此 DE 算法局部寻优效果不佳，易陷入局部最优。

4）DE/rand-to-best/1 变异策略

该变异策略是 DE/best/1 和 DE/best/2 变异策略的结合，在一定程度上平衡了 DE 算法的多样性和收敛性。这种变异策略的全局探索和局部寻优相对保持平衡，但是其鲁棒性相对较差、算法不够稳定。

通过分析 DE 算法的不同变异策略可知，DE 算法的五种变异策略各有优缺点。这五种变异策略具有共同的特性，即采取的重组方式都是基准个体与其差异个体之间的线性组合。针对求解的不同优化问题，每种变异策略表现出不同的求解能力，所获得的求解结果也不相同。因此，充分利用每一种变异策略的 DE 算法求解不同问题的能力，提出一种基于五种变异策略优势互补的最优变异策略，用于求解复杂优化问题。在求解优化问题时，该最优变异策略第一代分别采用五种变异策略的 DE 算法求解该优化问题，获得其适应度函数值，然后选取适应度值最优的突变向量作为选择操作里的突变向量，最优适应度值的突变向量所对应的变异策略称为最优变异策略；接着在剩下的迭代次数中，均使用确定的最优变异策略的 DE 算法完成优化问题的求解，直到达到误差要求或到达迭代最大次数，获得优化问题的最优解。最优变异策略能有效提高 DE 算法的局部搜索能力，保证 DE 算法的全局搜索特性。对于不同的优化问题，在第一次迭代后都能确定一个变异策略为求解该优化问题的最优变异策略，用于完成优化问题的有效求解。

采用最优变异策略的 DE 算法变异算子的伪代码如下：

算法 5.1：DE/rand-to-best/1 变异策略

输入：种群个体数

输出：最优进化策略

```
1. begin
2. son(1,:) = XG(p,:) + F*(XG(j,:) - XG(k,:));
3. son(2,:)=best_x(G,:)+F*(XG(j,:) - XG(k,:));
```

4. son(3,:)=XG(i,:)+F*(best_x(G,:)-XG(i,:))+F*(XG(j,:) - XG(k,:));
5. son(4,:)=best_x(G,:)+F*(XG(j,:) - XG(k,:))+F*(XG(p,:) - XG(p1,:));
6. son(5,:)=XG(p2,:)+F0*(XG(j,:) - XG(k,:))+F0*(XG(p,:) - XG(p1,:))//
五种策略
7. valueson(i,:)=f(son(i,:));　　　//计算适应度值
8. [valueson_min,posson_min]=min(valueson); //选取最优适应度值
9. son(posson_min,j);　　//选取最优适应度值对应的变异策略作为最优进化策略
10. end

5.2.5　CPOMSDE 算法模型

基于控制参数和最优变异策略的 CPOMSDE 算法模型，其流程如图 5.4 所示。

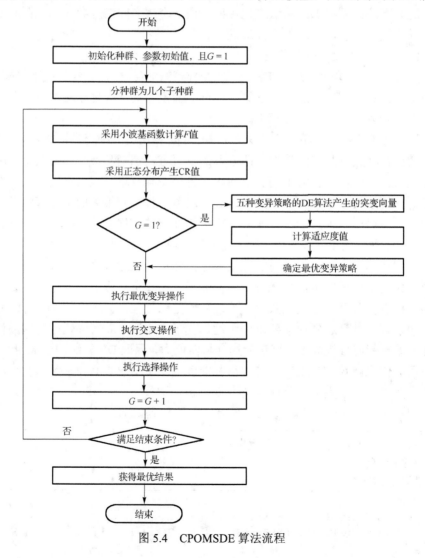

图 5.4　CPOMSDE 算法流程

5.2.6　CPOMSDE 算法步骤

Step 1.　在 $(x_{\max}, x_{\min})$ 中随机产生初始种群 $X_i = (x_1, x_2, \cdots, x_i)$ ，并初始化算法参数，包括种群规模 NP，维数 D，最大迭代次数 $G_{\max}$，初始迭代次数 $G = 1$ 等。

Step 2.　如果该算法是运行第 1 代，则执行 Step 3；反之，执行 Step 4。

Step 3.　采用五种变异策略的 DE 算法分别求解优化问题，分别产生五个突变向量，计算五个突变向量的适应度值，并对适应度值进行比较排序。选取适应度值最佳的突变向量作为 Step 4 的突变向量，并且保存最佳适应度值对应的变异策略，作为剩余迭代的最优变异策略。

Step 4.　用确定的最优变异策略作为 DE 算法的变异策略，完成 DE 算法剩下迭代的优化问题寻优。

Step 5.　执行交叉操作。用正态分布 $(0, 1)$ 产生随机数与交叉概率 CR 比较，若产生的随机数小于交叉概率 CR，选取 Step 3 产生的突变向量作为试验向量；否则，选取当代的目标向量作为试验向量。

Step 6.　执行选择操作。计算目标向量和试验向量的适应度值，并且进行比较，选取适应度值小的个体进入下一代种群。

Step 7.　判断获得的最优解是否满足结束条件或算法达到最大迭代次数 $G_{\max}$。如果满足结束条件，则算法结束并输出最优解；否则跳到 Step5 继续执行。

5.3　数值实验与分析

5.3.1　标准测试函数

为验证 CPOMSDE 算法的有效性，选择 11 个标准测试函数来测试算法性能，标准测试函数的表达式、取值范围和最小值[33]，如表 5.1 所示。

表 5.1　标准测试函数描述

函数名	取值范围	最小值
$f_1(x) = \sum\limits_{i=1}^{D} x_i^{\,2}$	$[-100, 100]$	0
$f_2(x) = \sum\limits_{i=1}^{D} \lvert x_i \rvert + \prod\limits_{i=1}^{D} \lvert x_i \rvert$	$[-10, 10]$	0
$f_3(x) = \sum\limits_{i=1}^{D} \left(\sum\limits_{j=1}^{i} x_j \right)^2$	$[-100, 100]$	0
$f_4(x) = \max\limits_{i} \left\{ \lvert x_i \rvert \right\}$	$[-100, 100]$	0

续表

函数名	取值范围	最小值
$f_5(x) = \sum_{i=1}^{D-1}\left[100(x_{i+1}-x_i^2)^2+(x_i-1)^2\right]$	$[-30,30]$	0
$f_6(x) = \sum_{i=1}^{D}\lfloor x_i+0.5^2\rfloor$	$[-100,100]$	0
$f_7(x) = \sum_{i=1}^{D}ix_i^4+\text{rand}[0,1)$	$[-1.28,1.28]$	0
$f_8(x) = \sum_{i=1}^{D}-x_i\sin\sqrt{x_i}$	$[-500,500]$	-12569.5
$f_9(x) = \sum_{i=1}^{D}\left[x_i^2-10\cos(2\pi x_i)+10\right]$	$[-5.12,5.12]$	0
$f_{10}(x) = -20\exp\left(-0.2\sqrt{\dfrac{1}{D}\sum_{i=1}^{D}x_i^2}\right)$ $-\exp\left(\dfrac{1}{D}\sum_{i=1}^{D}\cos(2\pi x_i)\right)+20+e$	$[-32,32]$	0
$f_{11}(x) = \dfrac{1}{4000}\sum_{i=1}^{D}x_i^2-\prod_{i=1}^{D}\cos\left(\dfrac{x_i}{\sqrt{i}}\right)+1$	$[-600,600]$	0

在这 11 个标准测试函数当中，函数 $f_1 \sim f_4$、f_6、f_7 为单峰函数，主要用于评价算法的精度、收敛速度等。$f_8 \sim f_{11}$ 为多峰函数，主要用于评价算法的全局搜索性能和稳定性。

5.3.2 实验环境与参数设置

实验环境选择：Intel (R) core (TM) i5-7400 CPU 3.00GHz，8GBRAM，Windows 10，MATLAB R2018a。

CPOMSDE 算法与五种变异策略的 DE 算法进行比较,给出 DE 算法和 CPOMSDE 算法的参数设置，包括种群规模、变异策略、迭代次数等，如表 5.2 所示。

表 5.2　DE 和 CPOMSDE 算法的参数设置

算法	变异策略	种群规模	维数	迭代次数	运行次数
DE	DE/rand/1	100	30/50	2000	30
	DE/best/1	100	30/50	2000	30
	DE/best/2	100	30/50	2000	30
	DE/rand/2	100	30/50	2000	30
	DE/rand-to/best/1	100	30/50	2000	30
CPOMSDE	最优变异策略	100	30/50	2000	30

5.3.3　实验结果与分析

DE 算法和 CPOMSDE 算法对 11 个标准测试函数进行求解，获得的最优值、平均值和标准差，如表 5.3 所示。

表 5.3　测试函数的实验结果

函数	算法	30 维			50 维		
		最优值	平均值	标准差	最优值	平均值	标准差
f_1	DE/rand/1	6.35E-032	1.32E-030	2.39E-030	2.72E-018	4.06E-017	4.59E-017
	DE/best/1	0.00E-000	0.00E-000	0.00E-000	0.00E-000	0.00E-000	0.00E-000
	DE/rand-to-best/1	2.05E-275	2.78E-274	0.00E-000	4.85E-265	6.13E-264	0.00E-000
	DE/best/2	3.66E-143	3.94E-142	3.61E-142	6.80E-126	7.98E-125	9.53E-125
	DE/rand2	4.12E-005	1.08E-004	6.18E-005	8.70E-002	1.41E-001	4.46E-002
	CPOMSDE	0.00E-000	0.00E-000	0.00E-000	0.00E-000	0.00E-000	0.00E-000
f_2	DE/rand/1	3.23E-012	4.34E-001	4.39E-011	2.38E-010	8.75E-010	4.86E-010
	DE/best/1	1.59E-272	2.36E-271	4.00E-000	1.86E-268	8.14E-268	4.00E-000
	DE/rand-to-best/1	0.00E-000	0.00E-000	0.00E-000	0.00E-000	0.00E-000	0.00E-000
	DE/rand/2	1.09E-070	3.68E-070	2.59E-070	1.55E-062	8.84E-062	1.16E-061
	DE/best/2	3.08E-002	8.03E-002	4.20E-002	2.14E-000	2.84E-000	5.85E-001
	CPOMSDE	0.00E-000	0.00E-000	0.00E-000	0.00E-000	0.00E-000	0.00E-000
f_3	DE/rand/1	5.55E+002	1.10E+003	4.89E+002	3.18E+004	5.24E+004	1.75E+004
	DE/best/1	0.00E-000	1.83E-083	3.42E-083	1.54E-053	7.38E-040	1.98E-039
	DE/rand-to-best/1	1.84E-031	2.55E-029	3.89E-029	1.98E-009	3.53E-008	4.80E-008
	DE/rand/2	4.55E-016	7.71E-015	1.18E-014	6.70E-002	9.90E-002	3.82E-002
	DE/best/2	1.59E+004	2.43E+004	6.03E+003	3.93E+004	5.18E+004	4.82E-001
	CPOMSDE	8.25E-173	5.76E-142	0.00E-000	8.68E-134	1.20E-094	5.09E-094
f_4	DE/rand/1	0.00E-000	0.00E-000	0.00E-000	0.00E-000	0.00E-000	0.00E-000
	DE/best/1	0.00E-000	0.00E-000	0.00E-000	0.00E-000	0.00E-000	0.00E-000
	DE/rand-to-best/1	0.00E-000	0.00E-000	0.00E-000	0.00E-000	0.00E-000	0.00E-000
	DE/rand/2	0.00E-000	0.00E-000	0.00E-000	0.00E-000	0.00E-000	0.00E-000
	DE/best/2	0.00E-000	0.00E-000	0.00E-000	0.00E-000	0.00E-000	0.00E-000
	CPOMSDE	0.00E-000	0.00E-000	0.00E-000	0.00E-000	0.00E-000	0.00E-000
f_5	DE/rand/1	6.08E-001	4.74E+001	6.66E+001	4.33E+001	5.66E+001	2.00E+001
	DE/best/1	2.89E+001	2.89E+001	1.98E-002	4.89E+001	4.89E+001	0.00E-000
	DE/rand-to-best/1	2.88E+001	2.89E+001	3.65E-002	4.88E+001	4.89E+001	3.27E-002
	DE/rand/2	2.87E+001	2.88E+001	7.05E-002	4.88E+001	4.89E+001	3.39E-002
	DE/best/2	2.48E+001	2.57E+001	8.37E-001	1.30E+002	1.63E+002	3.60E+001
	CPOMSDE	2.86E+001	2.88E+001	1.00E-001	4.97E+001	4.88E+001	6.00E-002

续表

函数	算法	30 维			50 维		
		最优值	平均值	标准差	最优值	平均值	标准差
f_6	DE/rand/1	0.00E-000	0.00E-000	0.00E-000	0.00E-000	0.00E-000	0.00E-000
	DE/best/1	0.00E-000	0.00E-000	0.00E-000	0.00E-000	0.00E-000	0.00E-000
	DE/rand-to-best/1	0.00E-000	0.00E-000	0.00E-000	0.00E-000	0.00E-000	0.00E-000
	DE/rand/2	0.00E-000	0.00E-000	0.00E-000	0.00E-000	0.00E-000	0.00E-000
	DE/best/2	0.00E-000	0.00E-000	0.00E-000	0.00E-000	0.00E-000	0.00E-000
	CPOMSDE	0.00E-000	0.00E-000	0.00E-000	0.00E-000	0.00E-000	0.00E-000
f_7	DE/rand/1	3.35E-002	4.00E-002	5.30E-003	5.20E-002	7.00E-002	8.40E-003
	DE/best/1	6.62E-007	9.67E-006	8.24E-006	8.69E-007	7.85E-006	4.74E-006
	DE/rand-to-best/1	5.47E-007	1.45E-005	1.90E-005	4.51E-007	9.69E-006	1.08E-005
	DE/rand/2	2.66E-006	1.45E-005	8.37E-006	8.88E-007	1.06E-005	1.29E-005
	DE/best/2	5.90E-002	8.80E-002	2.84E-002	7.50E-001	1.07E-000	4.82E-001
	CPOMSDE	3.27E-007	7.73E-006	7.03E-006	3.45E-007	5.56E-006	1.29E-006
f_8	DE/rand/1	−1.10E+004	−7.64E+003	1.55E+003	−1.20E+004	−9.08E+003	1.64E+003
	DE/best/1	−3.30E+003	−2.92E+003	3.16E+002	−4.05E+003	−3.51E+03	3.34E+003
	DE/rand-to-best/1	−6.39E+003	−4.36E+003	8.30E+002	−5.90E+003	−5.22E+003	4.43E+002
	DE/rand/2	−4.93E+003	−4.34E+003	3.56E+002	−5.67E+003	−5.34E+003	2.55E+002
	DE/best/2	−5.18E+003	−4.89E+003	2.19E+002	−6.87E+003	−6.38E+003	3.53E+002
	CPOMSDE	−1.26E+003	−9.70 E+003	1.40E+002	−1.26E+004	−8.77E+003	2.02E+002
f_9	DE/rand/1	2.53E+001	7.25E+001	3.10E+001	2.71E+001	1.75E+002	9.12E+001
	DE/best/1	0.00E-000	0.00E-000	0.00E-000	0.00E-000	0.00E-000	0.00E-000
	DE/rand-to-best/1	0.00E-000	0.00E-000	0.00E-000	0.00E-000	0.00E-000	0.00E-000
	DE/rand/2	0.00E-000	0.00E-000	0.00E-000	0.00E-000	0.00E-000	0.00E-000
	DE/best/2	2.14E+002	2.28E+002	9.24E+001	5.41E+002	5.55E+002	2.46E+001
	CPOMSDE	0.00E-000	0.00E-000	0.00E-000	0.00E-000	0.00E-000	0.00E-000
f_{10}	DE/rand/1	7.99E-015	7.99E-015	0.00E-000	1.10E-009	3.36E-009	2.27E-009
	DE/best/1	8.88E-016	3.32E-015	1.64E-015	8.88E-016	3.47E-015	1.51E-015
	DE/rand-to-best/1	4.44E-015	4.44E-015	0.00E-000	4.44E-015	4.44E-015	0.00E-000
	DE/rand/2	4.44E-015	4.44E-015	0.00E-000	4.44E-015	4.44E-015	0.00E-000
	DE/best/2	8.20E-003	1.18E-002	2.20E-003	4.90E-001	7.60E-001	2.60E-001
	CPOMSDE	8.88E-016	8.88E-016	0.00E-000	8.88E-016	8.88E-016	0.00E-000
f_{11}	DE/rand/1	1.28E-010	5.31E-003	4.07E-003	0.00E-000	4.44E-017	7.36E-017
	DE/best/1	0.00E-000	0.00E-000	0.00E-000	0.00E-000	0.00E-000	0.00E-000
	DE/rand-to-best/1	0.00E-000	0.00E-000	0.00E-000	0.00E-000	0.00E-000	0.00E-000
	DE/rand/2	0.00E-000	0.00E-000	0.00E-000	0.00E-000	0.00E-000	0.00E-000
	DE/best/2	3.73E-006	2.81E-005	3.46E-005	2.15E-003	1.32E-002	3.79E-003
	CPOMSDE	0.00E-000	0.00E-000	0.00E-000	0.00E-000	0.00E-000	0.00E-000

这些算法求解 11 个标准测试函数的收敛曲线，如图 5.5 所示。

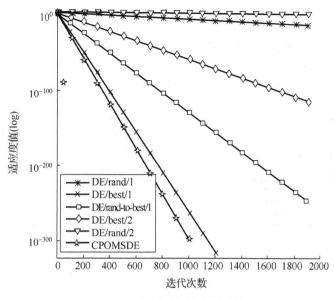

(a) 测试函数的 f_1 收敛曲线

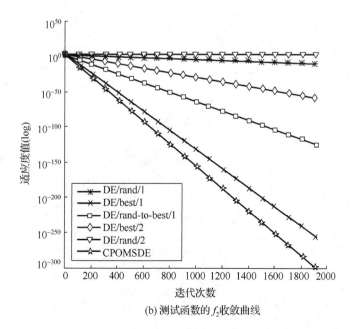

(b) 测试函数的 f_2 收敛曲线

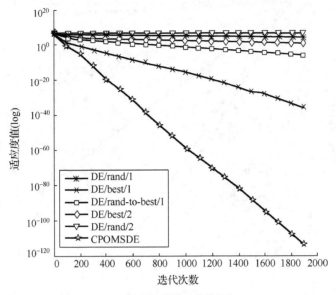

(c) 测试函数的 f_3 收敛曲线

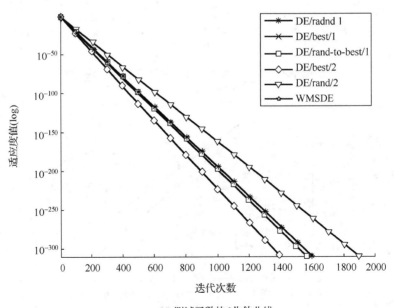

(d) 测试函数的 f_4 收敛曲线

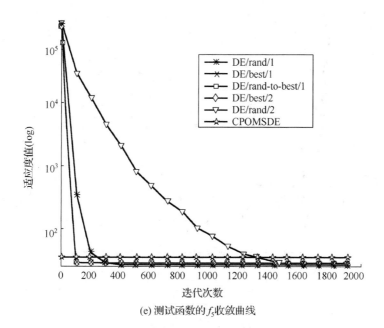

(e) 测试函数的 f_5 收敛曲线

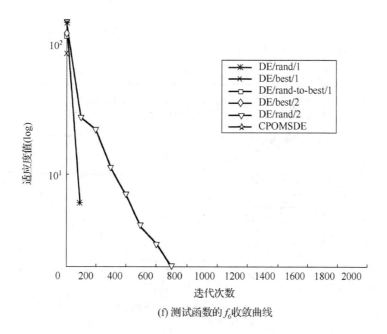

(f) 测试函数的 f_6 收敛曲线

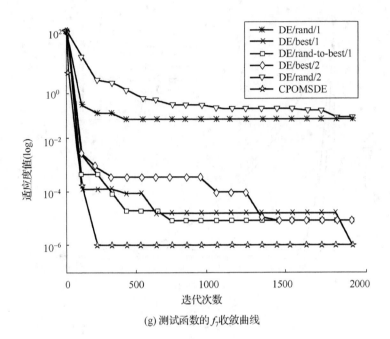

(g) 测试函数的 f_7 收敛曲线

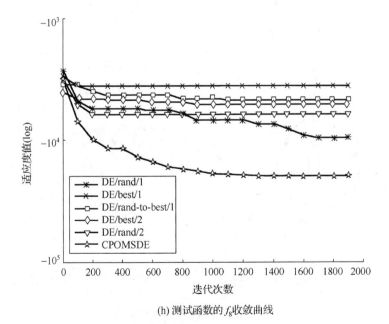

(h) 测试函数的 f_8 收敛曲线

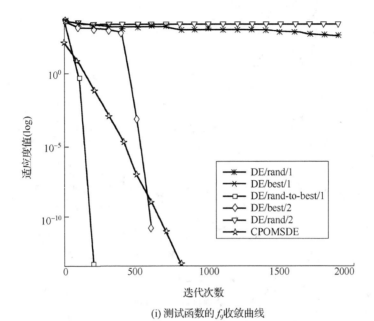

(i) 测试函数的 f_9 收敛曲线

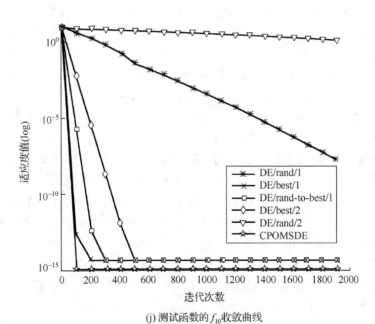

(j) 测试函数的 f_{10} 收敛曲线

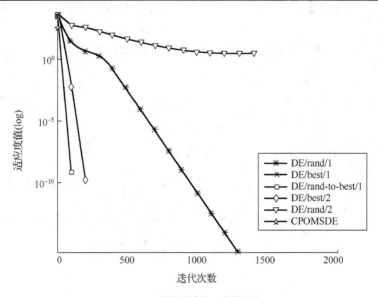

(k) 测试函数的 f_{11} 收敛曲线

图 5.5　11 个测试函数的收敛曲线

从表 5.3 和图 5.5 可以看出，在测试函数 $f_1 \sim f_3$ 中，提出的 CPOMSDE 算法无论在 30 维还是 50 维上，都能获得较好的最优值、平均值和标准差，并且测试函数 f_1 和 f_2 获得了最优值 0。对于测试函数 f_4 和 f_6，五种变异策略的 DE 算法以及 CPOMSDE 算法都能获得测试函数的最优值 0。对于测试函数 f_5，CPOMSDE 算法和五种变异策略的 DE 算法表现效果不佳，其原因可能是测试函数在自变量 2～3 维时是单峰函数，很难获得全局最优值。对于测试函数 f_7，CPOMSDE 算法与五种变异策略的 DE 算法比较，DE/rand/2 变异策略的 DE 算法虽然获得较好的结果，但 CPOMSDE 算法在最优值和平均值上获得更好的实验结果。对测试于函数 f_8，CPOMSDE 算法与五种变异策略的 DE 算法相比，在平均值和最优值上有很好的表现，并获得了测试函数的最优值，结果表明 CPOMSDE 算法具有较好的稳定性。对于测试函数 f_9 和 f_{11}，DE/rand/1 和 DE/best/2 变异策略的 DE 算法不能获得测试函数的最优值，其余三种变异策略的 DE 算法和 CPOMSDE 都获得了测试函数的最优值。对于测试函数 f_{10}，五种变异策略的 DE 算法虽然获得了较小的最优值，但没有获得测试函数的最优值 0，然而 CPOMSDE 算法在 200 代之前就能找到测试函数的最优值，且在 200 代之后 CPOMSDE 算法一直处于最优状态，说明 CPOMSDE 算法具有极强的收敛性、较好的寻优能力以及稳定性。对于测试函数 f_{11}，DE/best/1、DE/rand-to-best/1 和 DE/rand/2 变异策略的 DE 算法与 CPOMSDE 算法都能获得测试函数的最优值 0。综上可知，CPOMSDE 算法对于单峰函数，收敛曲线呈单调下降的趋势，快速收敛到最优值，或持续趋于最优值。CPOMSDE 算法对于多峰函数，收敛曲线存在多个拐点，不断跳出测试函数的局部最优值，趋于全局优化解。因此，CPOMSDE 算法对于求解不同的测试函数都具有极强的收敛性、较好的全局搜索特性以及稳定性。

5.3.4　结果比较与分析

为了进一步验证 CPOMSDE 算法的优化性能，选择 DE2/F 算法、MEDE 算法、pADE 算法和 RMDE 算法进行比较分析。选择了 $f_1 \sim f_3$, f_5, $f_9 \sim f_{11}$ 共 7 个测试函数，每个算法独立运行 10 次，实验结果如表 5.4 所示。

表 5.4　测试函数的实验结果

函数	算法	30 维			50 维		
		最优值	平均值	标准差	最优值	平均值	标准差
f_1	DE2/F	2.19E-039	1.50E-038	1.32E-039	2.45E-028	7.17E-028	6.68E-015
	MEDE	1.14E-065	3.21E-064	2.93E-064	2.18E-041	1.43E-040	5.19E-020
	pADE	4.15E-245	2.41E-253	0.00E-000	3.55E-249	1.21E-246	0.00E-000
	RMDE	5.32E-159	3.16E-144	2.40E-143	2.57E-076	1.12E-063	1.88E-011
	CPOMSDE	0.00E-000	0.00E-000	0.00E-000	0.00E-000	0.00E-000	0.00E-000
f_2	DE2/F	3.28E-024	2.01E-023	4.36E-024	8.75E-018	1.32E-017	3.60E-018
	MEDE	9.37E-034	3.08E-033	1.93E-033	1.59E-022	4.41E-022	1.84E-022
	pADE	3.21E-115	1.56E-113	3.03E-113	1.70E-109	2.85E-108	2.98E-108
	RMDE	2.44E-054	5.01E-044	1.42E-043	3.38E-022	8.31E-018	3.16E-017
	CPOMSDE	0.00E-000	0.00E-000	0.00E-000	0.00E-000	0.00E-000	0.00E-000
f_3	DE2/F	3.02E-001	4.22E-001	7.98E-002	1.88E+002	2.82E+002	4.28E+001
	MEDE	1.02E+000	4.44E+000	2.64E+000	1.08E+002	1.92E+002	4.32E+001
	pADE	5.72E-048	5.02E-042	1.80E-041	8.85E-044	8.85E-044	5.10E-036
	RMDE	2.84E-034	1.58E-029	4.51E-029	4.56E-014	4.56E-014	5.34E-008
	CPOMSDE	8.25E-173	5.76E-142	0.00E-000	8.68E-134	1.20E-094	5.09E-094
f_5	DE2/F	2.45E+001	5.39E+001	2.30E+001	3.49E+001	7.92E+001	2.72E+001
	MEDE	2.09E-001	2.18E+001	1.84E+001	1.78E+001	4.56E+001	1.97E+001
	pADE	2.83E+001	2.85E+001	8.91E-002	4.82E+001	4.84E+001	9.50E+001
	RMDE	6.21E-013	4.72E-005	2.06E-004	6.60E-007	9.33E-002	3.02E-001
	CPOMSDE	2.86E+001	2.88E+001	1.00E-001	4.97E+001	4.88E+001	6.00E-002
f_9	DE2/F	2.71E-027	7.70E-025	1.82E-024	0.00E-000	8.97E-001	8.48E-001
	MEDE	1.11E-038	9.16E-017	2.99E-016	1.56E+002	9.19E-000	9.19E-000
	pADE	0.00E-000	0.00E-000	0.00E-000	0.00E-000	0.00E-000	0.00E-000
	RMDE	1.78E-015	4.88E-013	1.93E-012	2.49E-014	4.83E-012	4.83E-012
	CPOMSDE	0.00E-000	0.00E-000	0.00E-000	0.00E-000	0.00E-000	0.00E-000
f_{10}	DE2/F	8.01E-015	8.12E-015	0.00E-000	2.23E-014	2.31E-014	2.26E-015
	MEDE	4.44E-015	7.46E-015	1.30E-015	7.99E-015	1.17E-014	2.93E-015
	pADE	8.88E-016	8.88E-016	0.00E-000	8.88E-016	8.88E-016	0.00E-000
	RMDE	2.22E-014	1.09E-010	4.05E-010	9.33E-014	1.23E-011	3.09E-011
	CPOMSDE	8.88E-016	8.88E-016	0.00E-000	8.88E-016	8.88E-016	0.00E-000
f_{11}	DE2/F	0.00E-000	1.03E-007	3.32E-007	0.00E-000	6.79E-007	2.06E-006
	MEDE	0.00E-000	1.11E-003	2.71E-003	0.00E-000	8.63E-004	2.68E-003
	pADE	0.00E-000	0.00E-000	0.00E-000	0.00E-000	0.00E-000	0.00E-000
	RMDE	1.11E-016	1.54E-015	1.50E-015	1.67E-015	1.48E-003	4.62E-003
	CPOMSDE	0.00E-000	0.00E-000	0.00E-000	0.00E-000	0.00E-000	0.00E-000

从表 5.4 可以看出，对于测试函数 f_1, f_2, f_9, f_{11}, DE2/F 算法、MEDE 算法、pADE 算法和 RMDE 算法虽然也获得了较好的最优值，但是这些算法没有获得测试函数的最优值 0。CPOMSDE 算法获得的最优值、平均值和标准差均为 0，表明 CPOMSDE 算法具有较强的全局搜索能力以及稳定性。对于测试函数 f_3 和 f_{10}，CPOMSDE 算法虽然没有获得最优值 0，但是与其他四个算法相比，CPOMSDE 算法获得的最优值、平均值和标准差是最小的。对于测试函数 f_5，CPOMSDE 算法和其他四个算法均表现不佳，其原因可能是测试函数在自变量 2～3 维时是单峰函数，很难获得测试函数的全局最优值。

综上分析可知，从单峰函数的测试结果来看，说明 CPOMSDE 算法求解单峰函数时表现较好，且算法的求解精度和收敛速度较好。从多峰函数的测试结果来看，CPOMSDE 算法求解多峰函数获得了较好的测试结果，并且 CPOMSDE 算法不易陷入局部最优。因此，CPOMSDE 算法无论在全局寻优能力，还是收敛速度、求解精度以及稳定性方面，均优于 DE2/F 算法、MEDE 算法、pADE 算法和 RMDE 算法，它具有较好的全局搜索能力和稳定性。

5.4　机场停机位分配多目标优化模型的建立

5.4.1　优化目标函数的构建

1) 各停机位空闲时间最均衡

为了保证机场停机位的空闲时间均衡分布,当遇到一些小规模的短时间延误时，能起到缓冲的作用，只需稍作调整就可以让航班正常运转起来。同时，也为了保证各停机位使用率的均衡，以及工作人员和基础设备有一个比较平衡的强度和工作时间。因此，各停机位空闲时间方差最小作为优化目标函数，可表示为：

$$F_1 = \min\left(\sum_{i=1}^{n}\sum_{j=1}^{m} S_{ij}^2 + \sum_{j=1}^{m} SS_j^2\right) \tag{5.11}$$

其中，S_{ij} 为航班 i 到达 j 机位时此停机位的空闲时间；SS_j 表示完成所有服务后的机位空闲时间。

2) 旅客总行走距离之和最短

旅客在机场行走的距离越少，越能得到旅客对机场服务满意程度的好评。因此，旅客总行走距离之和最短作为优化目标函数，可表示为：

$$F_2 = \min\sum_{i=1}^{n}\sum_{j=1}^{m} q_{ij} f_j y_{ij} \tag{5.12}$$

其中，q_{ij} 是指被分配到停机位 j 上的航班 i 的旅客人数；f_j 是指旅客到达停机位 j 所行走的距离；y_{ij} 为 0-1 变量，i 表示航班，j 表示停机位。

3）大型停机位最充分利用

在实际运行中如果大型停机位过多过早被中小型飞机所占用，那么后到港的大型飞机拥有较少的分配选择，甚至被迫停靠停机坪远机位；同时大型飞机通常载客较多，一旦停到停机坪远机位造成更多乘客的不便，引起旅客满意度的下降。因此，大型停机位应尽可能分配给大型飞机，以保证旅客满意度以及充分发挥停机位和相关设备的功能。则大型停机位最充分利用作为优化目标函数，可表示为：

$$F_3 = \sum_{i=1}^{n} \sum_{j=1}^{m} G_{ij} \tag{5.13}$$

其中，G_{ij} 是指停靠在大型停机位上的中小型航班以及停靠在中型停机位上的小型航班。

4）机场停机位占用效率最大

从机场的管理角度来说，在满足航班运行安全的情况下，将相同类型的航班停靠在与之对应的停机位上，可以大大提高停机位的利用效率、节省运行成本，还能有助于机场停机位停靠更多的航班。因此，机场停机位占用效率最大作为优化目标函数，可表示为：

$$F_4 = -\sum_{i=1}^{n} \sum_{j=1}^{m} \frac{(t^a_{ik} - t^b_{ik}) \times y_{ik}}{T} \tag{5.14}$$

5）航班-停机位匹配差异度最小

在停机位分配过程中，原则上应尽量分配其允许的最大机型到相应停机位。这是因为大型停机位停放小型航班，一方面会造成停机位空间浪费，另一方面引发其他临时调整的大型航班找不到合适的停机位。因此，航班-停机位匹配差异度最小作为优化目标函数，可表示为：

$$F_5 = \min \sum_{i=1}^{n} \sum_{k=1}^{p} \rho_{ik} y_{ik} \tag{5.15}$$

其中，$\rho_{ik} = \text{maxSize}(g_k) - \text{size}(f_i) / \text{biggestGateSize}$，$\text{maxSize}(g_k)$ 表示停机位 k 所能停放的最大机型大小，$\text{size}(f_i)$ 表示航班 i 对应的机型大小，biggestGateSize 表示最大停机位的大小。

5.4.2　多目标优化模型的无量化

采用 3.3.2 节的多目标优化模型无量化处理方法，处理构建的机场停机位分配多目标优化模型，获得机场停机位分配优化目标函数，可表示为：

$$
\begin{aligned}
F = &\frac{W_1}{F_1^0} \left[\sum_{i=1}^{n} \sum_{j=1}^{m} S_{ij}^2 + \sum_{j=1}^{m} \text{SS}_j^2 \right] + \frac{W_2}{F_2^0} \sum_{i=1}^{n} \sum_{j=1}^{m} q_{ij} f_j y_{ij} - \frac{W_3}{F_3^0} \sum_{i=1}^{n} \sum_{j=1}^{m} G_{ij} \\
&- \frac{W_4}{F_4^0} \sum_{i=1}^{n} \sum_{j=1}^{m} \frac{(t_{ik}^a - t_{ik}^b) \times y_{ik}}{T} + \frac{W_5}{F_5^0} \sum_{i=1}^{n} \sum_{j=1}^{m} \rho_{ik} y_{ik}
\end{aligned}
\tag{5.16}
$$

5.5　CPOMSDE 算法求解停机位分配优化模型

5.5.1　机场停机位分配优化方法

　　机场停机位分配不但要从旅客和航空公司的角度出发，而且还要从机场运行控制部门的角度出发，合理、均衡、高效地分配有限的停机位资源，以预防突发事件对机场运行的影响。机位分配问题是一个 NP 问题，传统方法已很难求解机位分配问题。而一般的智能优化算法也较难找到符合要求的最优解。CPOMSDE 算法具有参数少、不易陷入局部最优、收敛速度快、全局搜索能力强、鲁棒性好等特点，因此将 CPOMSDE 算法用于求解机场停机位分配问题，提出一种基于 CPOMSDE 算法的机场停机位快速分配优化方法，有效实现机场停机位的分配，获得最优的停机位分配结果[34-37]。

5.5.2　机场停机位分配流程

　　基于 CPOMSDE 算法的机场停机位快速分配优化方法的流程，如图 5.6 所示。

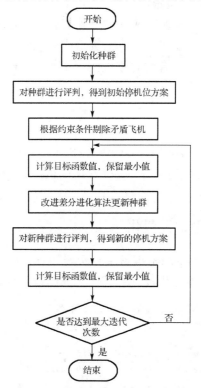

图 5.6　基于 CPOMSDE 算法的机场停机位快速分配优化方法的流程

5.5.3　机场停机位分配步骤

基于 CPOMSDE 算法的机场停机位快速分配优化方法的详细步骤，描述如下：

Step 1. 初始化 CPOMSDE 算法种群规模、缩放因子、变异策略、交叉概率、最大迭代次数等参数。

Step 2. 对种群进行一次测量，得到二进制矩阵，每行的二进制串转化为一个十进制数，并选择十进制数作为当前航班的停机位，得到初始停机位矩阵。

Step 3. 读取停机位和航班信息，根据约束条件，删除冲突航班，调整停机位矩阵。

Step 4. 求解优化目标函数获得最小值，然后记录最优值和分配的停机位矩阵。

Step 5. 提出一种新的最优变异策略来确定差分进化算法的变异操作。

Step 6. 利用小波基函数和正态分布，多策略差分进化算法的缩放因子和交叉概率，提高算法的整体优化性能。

Step 7. 执行变异操作、交叉操作和选择操作，更新种群生成新种群。

Step 8. 根据约束条件消除冲突航班，获得新的停机位分配结果。

Step 9. 判断是否达到最大迭代次数或者满足设定最小误差，如果满足结束条件，则输出停机位分配的最优结果；否则转到 Step 4。

5.6　算　例　分　析

5.6.1　实验数据与实验环境

将提出的停机位分配优化方法用于求解广州白云机场 2015 年 7 月 26 日的 250 个航班和 30 个停机位的分配问题。停机位和航班均分为大(L)、中(M)、小(S)三种类型。大型停机位可以停靠所有类型航班，中型停机位可以停靠中、小型航班，小型停机位只能停靠小型航班。没被分配到停机位的航班全部停靠到停机坪远机位。机场停机位详细信息，如表 5.5 所示；部分航班详细信息，如表 5.6 所示。实验环境为：Intel(R) core(TM) i5-7400 CPU 3.00GHz，8GB RAM，Windows 10，MATLAB R2018a。算法参数设置为：种群为 250，维数为 5，最大迭代 200，算法独立执行 20 次，同一停机位的相邻两个航班安全间隔时间为 5 分钟。

表 5.5　机场停机位详细信息

停机位	旅客步行距离/m	停机位型号	停机位	旅客步行距离/m	停机位型号
1	190	M	3	400	L
2	975	M	4	333	M

续表

停机位	旅客步行距离/m	停机位型号	停机位	旅客步行距离/m	停机位型号
5	260	L	18	535	S
6	135	S	19	1050	M
7	1100	M	20	170	M
8	150	M	21	585	L
9	384	L	22	1250	M
10	960	M	23	500	L
11	1000	S	24	920	L
12	235	L	25	270	L
13	1200	S	26	230	M
14	580	L	27	265	L
15	440	L	28	450	L
16	115	L	29	1300	M
17	215	M	30	426	L

表 5.6　机场部分航班详细信息

航班号	进港时间	出港时间	旅客人数	航班类型
1	2015-7-26 0:05:00	2015-7-26 5:15:00	482	L
2	2015-7-26 0:05:00	2015-7-26 5:45:00	273	M
3	2015-7-26 0:10:00	2015-7-26 5:30:00	261	M
4	2015-7-26 0:15:00	2015-7-26 5:30:00	116	M
5	2015-7-26 0:15:00	2015-7-26 5:15:00	244	M
6	2015-7-26 0:20:00	2015-7-26 5:30:00	312	L
7	2015-7-26 0:25:00	2015-7-26 5:20:00	340	L
8	2015-7-26 0:30:00	2015-7-26 6:00:00	198	M
9	2015-7-26 0:35:00	2015-7-26 6:10:00	184	M
10	2015-7-26 0:35:00	2015-7-26 6:55:00	494	L
11	2015-7-26 0:40:00	2015-7-26 6:00:00	19	S
12	2015-7-26 0:45:00	2015-7-26 6:40:00	443	L
13	2015-7-26 0:50:00	2015-7-26 6:35:00	457	L
14	2015-7-26 0:55:00	2015-7-26 6:40:00	398	L
15	2015-7-26 0:55:00	2015-7-26 6:30:00	49	S
16	2015-7-26 1:00:00	2015-7-26 6:45:00	131	M
17	2015-7-26 1:00:00	2015-7-26 7:25:00	340	L
18	2015-7-26 1:05:00	2015-7-26 6:35:00	68	S
19	2015-7-26 1:10:00	2015-7-26 6:55:00	361	L
20	2015-7-26 1:15:00	2015-7-26 7:15:00	53	S

续表

航班号	进港时间	出港时间	旅客人数	航班类型
21	2015-7-26 1:20:00	2015-7-26 7:45:00	327	L
22	2015-7-26 1:20:00	2015-7-26 8:30:00	247	M
23	2015-7-26 1:20:00	2015-7-26 6:25:00	390	L
24	2015-7-26 1:25:00	2015-7-26 06:30:00	358	L
25	2015-7-26 1:40:00	2015-7-26 8:10:00	452	L
26	2015-7-26 1:50:00	2015-7-26 2:35:00	445	L
27	2015-7-26 2:00:00	2015-7-26 2:50:00	167	M
⋮	⋮	⋮	⋮	⋮
249	2015-7-26 23:50:00	2015-7-27 01:50:00	252	S
250	2015-7-26 23:55:00	2015-7-27 9:10:00	378	M

5.6.2 实验结果与分析

利用 CPOMSDE 算法对构建的机场停机位分配多目标优化模型进行了 20 次独立求解，选取最好一次停机位分配结果统计，如表 5.7 所示；生成的停机位分配结果甘特图，如图 5.7 所示，求解停机位分配的最优值过程，如图 5.8 所示。

表 5.7　停机位分配结果

停机位	航班号										航班数量
1	3	37	75	103	120	154	247				7
2	6	34	60	92	121	150	193	218	240		9
3	7	38	62	93	122	153	182	206	236		9
4	9	39	76	106	129	155	194	219	241		9
5	5	35	58	74	125	141	151	184	203	212	10
6	10	41	67	94	123	156	187	220			8
7	14	43	77	107	133	169	195	223	249		9
8	13	42	66	95	124	157	188	222	242		9
9	11	40	63	96	126	158	189	221			8
10	12	44	64	98	128	159	181	207	237		9
11	15	45	65	99	130	160	196	226			8
12	16	46	68	100	131	208	225				7
13	1	36	86	115	166	185	216	245			8
14	20	47	69	101	134	162	180	210	243		9
15	17	48	70	102	135						5
16	18	49	72	105	137	178	197	227			8
17	8	50	61	84	127	148	183	214	238		9
18	23	71	89	108	140	173	202	228			8

续表

停机位	航班号									航班数量
19	4	33	83	97	104	136	161	191	217	9
20	19	51	73	109	138	163	198	229		8
21	21	52	78	110	152	186	213	239	250	9
22	24	53	80	111	139	165	199	230		8
23	25	54	81	113	142	167	200	233		8
24	22	55	79	114	143	164	201	231		8
25	26	56	82	116	144	168	248			7
26	28	31	87	117	145	192	215	246		8
27	2	85	112	132	146	177	209	235		8
28	27	32	88	118	147	170	204	232		8
29	29	57	90	119	149	171	205	234		8
30	30	59	91	190	211	224				6
合计										244

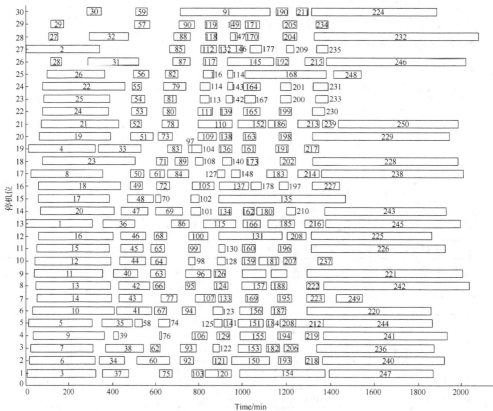

图 5.7　停机位分配结果甘特图

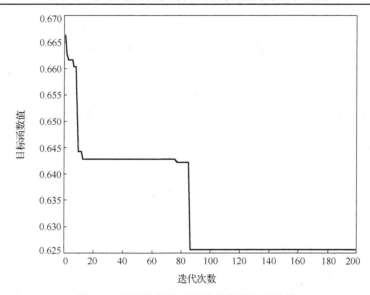

图 5.8　求解停机位分配的最优值过程曲线

为了能更直观显示各停机位的航班分配情况，给出了各停机位分配的航班数，如图 5.9 所示。

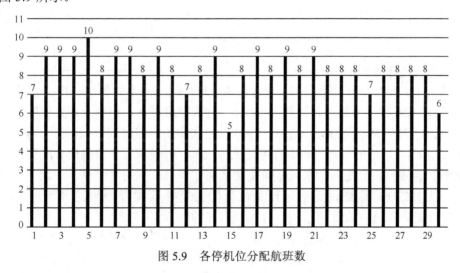

图 5.9　各停机位分配航班数

从表 5.7、图 5.7~图 5.9 可以看出，250 个航班中有 244 个航班被分配到 30 个停机位，6 个航班被分配到远机位，航班分配率达到 97.6%。从各停机位分配航班数量来看，每个停机位分配到的航班数量相对比较均衡，最少的停机位分配到 5 个航班，最多的停机位分配到 10 个航班。15 号停机位分配到 5 个航班，30 号停机位分配到 6 个航班，1 号、12 号和 25 号停机位分别分配到 7

个航班，6号、9号、11号、13号、16号、18号、20号、22～24号、26～29号共计14个停机位分别分配到8个航班，2～4号、7号、8号、10号、14号、17号、19号、21号共计10个停机位分别分配到9个航班，5号停机位分配到10个航班。总的来说，离安检口较近的停机位具有较高的利用率，有利于提高旅客的满意程度。因此，综合考虑各停机位空闲时间最均衡、旅客总步行距离最短、大型停机位最充分利用、停机位占用效率最大和航班——停机位匹配差异度最小的优化目标函数所构建的停机位分配多目标优化模型，可以综合各方利益，提高停机位的利用效率和平衡率，以及乘客的满意度。所提出的CPOMSDE算法能有效求解停机位分配多目标优化模型，并能获得较好的停机位分配结果，表现出较好的全局优化能力。

5.6.3　结果比较与分析

为了验证CPOMSDE算法的迭代次数对停机位分配的影响，CPOMSDE算法分别迭代200次和2000次来求解机场停机位分配多目标优化模型，20次停机位分配实验结果如表5.8所示。

表5.8　20次停机位分配实验测试结果

迭代	目标最优值	目标平均值	最大分配率/%	平均分配率/%	平均迭代数	平均时间/s
200	0.61782	0.630204	97.6	96.54	128.8	16.124
2000	0.61527	0.622204	98.0	96.82	874.1	161.32

从表5.8可以看出，经过200次迭代的航班平均分配率达到96.54%，平均计算时间为16.124秒，平均迭代次数为128.8，收敛速度较快，但部分停机位的利用率较低。相比200次迭代的实验结果，2000次迭代实验所需时间较长，但平均分配率达到96.82%，最好的一次航班分配率达到97.6%，但是从各个停机位分配到航班数量来看，各停机位分配到的航班数量更加均衡，停机位利用率更高。因此，采用提出的CPOMSDE算法进行机场停机位分配，能够获得较理想的分配结果，且CPOMSDE算法具有收敛速度快、寻优能力好的特点。

5.7　本章小结

本章首先介绍了差分进化算法的基本原理以及优缺点，详细介绍了差分进化算法变异操作。然后针对差分进化算法的停滞现象、收敛速度慢以及早熟现象等问题，提出一种基于五种变异策略优势互补的最优变异策略。采用小波基函数来改进DE算法缩放因子、正态分布来改进DE算法交叉概率，进而提出一种基于控制参数和最优变异策略的CPOMSDE算法，避免了算法停滞现象和早熟收敛，提高了算法的求解效率和优化性能。通过经典测试函数和机场停机位分配实际工程问题，验证了 CPOMSDE 算法的可行性、有效性和稳定性。

参 考 文 献

[1] 肖婧，许小可，张永建，等. 差分进化算法及其高维多目标优化应用[M]. 北京：人民邮电出版社，2018.

[2] 杜永兆，范宇凌，柳培忠，等. 多种群协方差学习差分进化算法[J]. 电子与信息学报，2019，41(6)：1488-1495.

[3] Storn R，Price K. Differential evolution a simple and efficient heuristic for global optimization over continuous spaces[J]. Journal of Global Optimization, 1997, 11(4)：341-359.

[4] Gao W F, Yen G G, Liu S Y. A dual-population differential evolution with coevolution for constrained optimization[J]. IEEE Transactions on Cybernetics, 2015, 45(5)：1094-1107.

[5] Ali M Z, Awad N H, Suganthan P N, et al. An adaptive multipopulation differential evolution with dynamic population reduction[J]. IEEE Transactions on Cybernetics, 2017, 47(9)：2768-2779.

[6] Chen C H, Liu C B. Reinforcement learning-based differential evolution with cooperative coevolution for a compensatory neuro-fuzzy controller[J]. IEEE Transactions on Neural Networks and Learning Systems, 2018, 29(10)：4719-4729.

[7] 吴文海，郭晓峰，周思羽，等. 基于随机邻域策略和广义反向学习的自适应差分进化算法[J]. 系统工程与电子技术，2020. https://kns.cnki.net/kcms/detail/11.2422.TN.20201229.1131. 004.html.

[8] 吴擎，张春江，高亮.一种基于混合交叉的差分进化算法[J]. 华中科技大学学报(自然科学版)，2018，46(5)：78-83.

[9] 刘昊，丁进良，杨翠娥，等. 基于择优学习策略的差分进化算法[J]. 上海交通大学学报，2017，51(6)：704-708.

[10]阎大海，李元香，龚文引，等.一种求解约束优化问题的自适应差分进化算法[J]. 电子学报，2016，44(10)：2535-2542.

[11]Song Y J, Wu D Q, Deng W, et al. MPPCEDE: Multi-population parallel co-evolutionary differential evolution for parameter optimization[J]. Energy Conversion and Management, 2021, 228: 113661.

[12]Zhou X G, Zhang G J. Differential evolution with underestimation-based multimutation strategy[J]. IEEE Transactions on Cybernetics, 2019, 49(4)：1353-1364.

[13]Huang R H, Yu T H. An effective ant colony optimization algorithm for multi-objective job-shop scheduling with equal-size lot-splitting[J]. Applied Soft Computing, 2017, 57: 642-656.

[14]吴文海, 郭晓峰, 周思羽, 等. 基于广义反向学习的自适应约束差分进化算法[J]. 西北工业大学学报, 2019, 37(5): 1000-1010.

[15]Wang Y, Yin D Q, Yang S X, et al. Global and local surrogate-assisted differential evolution for expensive constrained optimization problems with inequality constraints[J]. IEEE Transactions on Cybernetics, 2019, 49(5): 1642-1656.

[16]Das S, Abraham A, Konar A. Automatic clustering using an improved differential evolution algorithm[J]. IEEE Transactions on Systems, Man, and Cybernetics: Part A-Systems and Humans, 2008, 38(1): 218-237.

[17]Dorronsoro B, Bouvry P. Improving classical and decentralized differential evolution with new mutation operator and population topologies[J]. IEEE Transactions on Evolutionary Computation, 2011, 15(1): 67-98.

[18]Deng W, Yang X H, Zou L, et al. An improved self-adaptive differential evolution algorithm and its application[J]. Chemometrics and Intelligent Laboratory Systems, 2013, 128: 66-76.

[19]Ali M, Pant M. Improving the performance of differential evolution algorithm using Cauchy mutation[J]. Soft Computing, 2011, 15(5): 991-1007.

[20]Elsayed S M, Sarker R A, Essam D L. An improved self-adaptive differential evolution algorithm for optimization problems[J]. IEEE Transactions on Industrial Informatics, 2013, 9(1): 89-99.

[21]Tang L X, Zhao Y, Liu J Y. An improved differential evolution algorithm for practical dynamic scheduling in steelmaking-continuous casting production[J]. IEEE Transactions on Evolutionary Computation, 2014, 18(2): 209-225.

[22]Guo H X, Li Y N, Li J L, et al. Differential evolution improved with self-adaptive control parameters based on simulated annealing[J]. Swarm and Evolutionary Computation, 2014, 19: 52-67.

[23]Zhang X Y, Duan H B. An improved constrained differential evolution algorithm for unmanned aerial vehicle global route planning[J]. Applied Soft Computing, 2015, 26: 270-284.

[24]Mohamed A W. An improved differential evolution algorithm with triangular mutation for global numerical optimization[J]. Computers & Industrial Engineering, 2015, 85: 359-375.

[25]Chen G D, Li Y, Zhang K, et al. Efficient hierarchical surrogate-assisted differential evolution for high-dimensional expensive optimization[J]. Information Sciences, 2021, 542: 228-246.

[26]Ali I M, Essam D, Kasmarik K. Novel binary differential evolution algorithm for knapsack problems. Information Sciences, 2021, 542: 177-194.

[27]Liao Z W, Gong W Y, Wang L, et al. A decomposition-based differential evolution with reinitialization for nonlinear equations systems[J]. Knowledge-Based Systems, 2020, 191, 105312.

[28]Tian M N, Gao X B, Dai C. Differential evolution with improved individual-based parameter

setting and selection strategy[J]. Applied Soft Computing, 2017, 56: 286-297.

[29]Zhao H, Zhan Z H, Lin Y, et al. Local binary pattern-based adaptive differential evolution for multimodal optimization problems[J]. IEEE Transactions on Cybernetics, 2020, 50(7): 3343-3357.

[30]Deng W, Xu J J, Song J J, et al. Differential evolution algorithm with wavelet basis function and optimal mutation strategy for complex optimization problem[J]. Applied Soft Computing, 2020. Doi: 10. 1016/j. asoc. 2020. 106724.

[31]Wang S H, Li Y Z, Yang H Y, et al. Self-adaptive differential evolution algorithm with improved mutation strategy[J]. Soft Computing, 2018, 22(10): 3433-3447.

[32]徐英杰, 阎晓琳, 邓武. 基于小波基函数的差分进化算法缩放因子改进方法及应用[J]. 云南民族大学学报(自然科学版), 2020, 29(1): 33-38.

[33]邓武, 赵慧敏, 徐俊洁. 基于小波基函数和最优变异策略的差分进化算法及应用[P]. 中国, 201910614940.2, 2019-06-29.

[34]刘丽华. 市场机制下飞机推出时隙分配模型与算法研究[D]. 哈尔滨: 哈尔滨工业大学, 2017.

[35]刘丽华, 张亚平, 邢志伟, 等. 基于离散差分进化的飞机推出决策优化[J]. 交通运输系统工程与信息, 2016, 16(6): 196-203.

[36]吴文海, 郭晓峰, 周思羽. 基于改进约束差分进化算法的动态航迹规划[J]. 控制与决策, 2020, 35(10): 2381-2390.

[37]徐英杰. 改进自适应差分进化算法及其在多目标问题中的应用[D]. 大连:大连交通大学, 2020.

第 6 章　自适应粒子群优化算法求解机场停机位分配问题

本章介绍粒子群优化算法的基本原理和优缺点，针对粒子群优化算法存在的问题，引入分数阶微分和 Alpha 稳定分布理论，研究一种基于 Alpha 稳定分布理论和动态分数阶微分的自适应粒子群优化(adaptive particle swarm optimization with alpha stable distribution and dynamic fractional calculus，ADFCAPO)算法，通过机场停机位分配问题验证算法的可行性和有效性。

6.1　粒子群优化算法

6.1.1　粒子群优化算法原理

粒子群优化算法(particle swarm optimization，PSO)是一种进化计算技术，1995年由 Eberhart 博士和 kennedy 博士提出，源于对鸟群捕食的行为研究[1-3]。该算法最初是受到飞鸟集群活动的规律性启发，进而利用群体智能建立的一个简化模型。PSO算法在对动物集群活动行为观察的基础上，利用群体中的个体对信息的共享使整个群体的运动在问题求解空间中产生从无序到有序的演化过程，从而获得最优解。该算法以其实现容易、精度高、收敛快等优点引起了学术界和工业界的重视，并且在解决实际工程优化问题中展示了其优越性。

PSO 算法把搜索空间里的每一个个体全部看作一个没有体积和质量的粒子，每个粒子都有一个适应度函数，可以用该函数来评价粒子的"好坏"程度，并且每个粒子有一个特定的速度，粒子的飞行速度决定了它们在解空间中的飞行方向和距离，它的飞行速度由该群体的历史和自身个体的历史飞行经验进行更新，再由调整后的飞行速度来更新每一个个体的位置。PSO 算法描述如下[4-6]：

假设在一个 N 维的搜索空间中，由 m 个粒子组成一个种群 $X = (X_1, X_2, \cdots, X_m)$，用 $X_i = (x_{i1}, x_{i2}, \cdots, x_{im})$ 来表示种群中第 i 个粒子在空间中的位置，用 $p_i = (p_{i1}, p_{i2}, \cdots, p_{im})$ 表示第 i 个粒子经过最好的位置，对应的用 $V = (v_{i1}, v_{i2}, \cdots, v_{im})$ 表示飞行速度，整个群体经过的最好位置为 $p_g = (p_{g1}, p_{g2}, \cdots, p_{gm})$。

$$v_{id}(t+1) = v_{id}(t) + c_1 r_1(p_{id}(t) - x_{id}(t)) + c_2 r_2(p_{gd}(t) - x_{id}(t)) \tag{6.1}$$

$$x_{id}(t+1) = x_{id}(t) + v_{id}(t+1) \tag{6.2}$$

其中，$d = 1, 2, \cdots, n$ 是种群维数，$i = 1, 2, \cdots, m$ 是种群规模，t 是当前迭代次数，c_1 和 c_2

为学习因子，r_1 和 r_2 为 $(0,1)$ 之间均匀分布的随机数，$v_{id} \in \left[-v_{max}, v_{max}\right]$，最大速度 $v_{max} = k \cdot x_{max}$，$0.1 \leqslant k \leqslant 1$。

粒子群优化算法的流程，如图 6.1 所示。

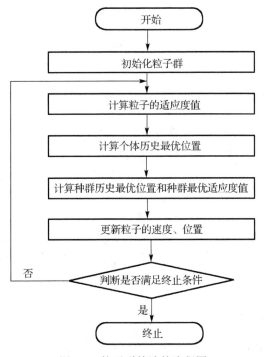

图 6.1　粒子群算法的流程图

粒子群优化算法的实现详细步骤，描述如下：

Step 1. 初始化粒子群，并随机产生每个粒子的速度和位置。

Step 2. 计算粒子群优化算法中每个粒子的适应度值。

Step 3. 根据式(6.1)和式(6.2)来更新速度和位置。

Step 4. 计算更新后每个粒子的适应度值，并与其历史最优位置时的适应度值进行比较，得到该粒子的最优位置。

Step 5. 将每个粒子最佳的适应度值与种群最佳适应度值进行比较，如果粒子最佳的适应度值较优，则更新种群最优位置和最佳适应度值。

Step 6. 判断是否满足结束条件(达到最大迭代次数或者最小误差)，若满足结束条件则输出最优值，否则转 Step 2。

6.1.2　粒子群优化算法的优缺点

粒子群优化算法的主要优点有：

(1) PSO 算法的参数较少、结构简单，实现起来比较容易。

(2) PSO 算法通过迭代粒子速度和粒子位置，所以收敛速度较快。

(3) PSO 算法较少依赖所求实际问题的背景。

(4) PSO 算法具有较强的鲁棒性，对其稍加改动就可以与其他算法相结合来提高其优化性能。

(5) PSO 算法根据记忆的全局和局部最优信息，进行更新和搜索。

粒子群优化算法的主要缺点有：

(1) 粒子获取的群体最优和个体最优信息具有局限性，导致 PSO 算法结果精度不理想。

(2) PSO 算法容易早熟，并容易陷入局部极值。

(3) PSO 算法适用于求解存在多个局部极值点的优化问题。

由上所述，由于 PSO 算法易于陷入局部极值，迭代后期存在其收敛速度较慢和精度较低等缺点，所以对 PSO 算法进行有效改进，使改进的 PSO 算法能够跳出局部极值点，更快更好地收敛到全局最优解。

6.2　分数阶微分和 Alpha 稳定分布理论

6.2.1　分数阶微分理论

分数阶微积分(fractional calculus)是一个以研究微分阶次和积分阶次为任意实数甚至复数为特性的微分算子和积分算子的理论，它是整数阶微积分向非整数阶微积分的推广，或者说是整数阶微积分的一般形式[7]。分数阶微积分的基本操作算子为 $_aD_t^\lambda$，它的含义为求函数 $f(x)$ 的 λ 次导数或积分，λ 即为分数导数和积分的阶次，a 和 t 为运算的上下界。

分数阶微积分的一般表示形式为：

$$_aD_t^\lambda f(x) = \begin{cases} \dfrac{\mathrm{d}^\lambda}{\mathrm{d}t^\lambda} f(x), & \mathrm{Re}(\lambda) > 0 \\[2mm] f(x), & \mathrm{Re}(\lambda) = 0 \\[2mm] \displaystyle\int_a^l f(x)(\mathrm{d}\tau)^{-\lambda}, & \mathrm{Re}(\lambda) < 0 \end{cases} \tag{6.3}$$

其中，$\mathrm{Re}(\lambda)$ 表示取 λ 的实部。当 $\mathrm{Re}(\lambda) > 0$ 时，$_aD_t^\lambda f(x)$ 表示求 $f(x)$ 的分数阶微分；当 $\mathrm{Re}(\lambda) < 0$ 时，$_aD_t^\lambda f(x)$ 表示求 $f(x)$ 的分数阶积分。当 $\lambda = n \in N$ 时，$_aD_t^\lambda f(x) = f^n(x)$，即是在求函数 $f(x)$ 的 n 阶导数。

在分数阶微积分理论发展的过程中，数学家们从各自不同的角度入手，给出了分数阶微积分的几种不同形式的定义，其定义的合理性与科学性已经在实验中得到验证。目前已经得到广泛承认的分数阶微积分定义是 Grünwald-Letnikov 分数阶微积分定义，它是从函数的高阶导数推广而得到的[8-10]。

$$_aD_t^\lambda f(x) = \lim_{h \to 0}\left[\frac{1}{h^\lambda}\sum_{k=0}^{\left[\frac{t-a}{h}\right]}\omega_k^\lambda f(x-kh)\right] \tag{6.4}$$

其中，$\omega_k^\lambda = \dfrac{(-1)^k\Gamma(\lambda+1)}{k!\,\Gamma(\lambda-k+1)}$，$h$ 为微分的时间步长，符号 $\left[\dfrac{t-a}{h}\right]$ 表示取出变量 $\dfrac{t-a}{h}$ 的整数部分。

6.2.2　Alpha 稳定分布理论

Alpha 稳定分布 $S_a(\sigma,\beta,\mu)$ 是一类重要的概率分布，其概念与概率理论的大数定律及中心极限定理有着密切的联系[7]。大数定律描述了随机变量序列的稳定性，而中心极限定理描述了分布函数的稳定性。如果存在参数 $0 < a \le 2$，$\sigma > 0$，$-1 \le \beta \le 1$ 和实数 μ，则随机变量 X 满足如下的特征函数：

$$E_{\exp}i\theta X = \begin{cases} \exp\left\{-\sigma^a\,|\theta|^a\left(1-i\beta\mathrm{sign}(\theta)\tan\dfrac{\pi a}{2}\right)+i\mu\theta\right\}, & a \ne 1 \\ \exp\left\{-\sigma\,|\theta|\left(1+i\beta\dfrac{2}{\pi}\mathrm{sign}(\theta)\ln|\theta|\right)+i\mu\theta\right\}, & a = 1 \end{cases} \tag{6.5}$$

其中，符号函数 $\mathrm{sign}(\theta) = \begin{cases} 1, & \theta > 0 \\ 0, & \theta = 0 \\ -1, & \theta < 0 \end{cases}$

Alpha 稳定分布的 4 个参数具有明确的意义：特征因子 a，又称为特征指数，控制密度函数拖尾的厚度和长度。a 越小，所对应的分布具有较重的拖尾；当 $a \le 1$，分布具有无限的均值和方差；尺度参数 σ，又称为分散系数，是样本相对于均值分散程度的度量，类似于高斯分布的方差；当 $a = 2$ 时，σ 取值是方差值的一半；偏斜参数 β，决定稳定分布的斜度，其值越大信号的概率密度函数越不对称；位置参数 μ，对于对称分布 (S_aS)，$0 < a \le 1$ 时，μ 表示中值；$1 < a \le 2$，μ 表示均值。

概率密度函数可以用特征函数的连续傅里叶变换来表示，即：

$$f(x) = \frac{1}{2\pi}\int_{-\infty}^{+\infty}\varphi(t)\mathrm{e}^{-ixt}\mathrm{d}t \tag{6.6}$$

6.3　自适应粒子群优化算法

6.3.1　ADFCAPO 算法思想

粒子群优化算法是一种基于群体智能的随机全局优化计算方法,具有建模简单、收敛速度快且易于实现等特点。但粒子群优化算法在寻优过程中受粒子的个体最优和全局最优位置影响,存在着早熟收敛、收敛较慢、搜索精度低、容易陷入局部最优等问题。而分数阶微分理论是一个以研究微分阶次和积分阶次为任意实数甚至复数为特性的微分算子和积分算子的理论,Alpha 稳定分布理论是一类重要的概率分布,将分数阶微分理论和 Alpha 稳定分布理论引入到自适应粒子群优化算法中,充分利用分数阶微分理论和 Alpha 稳定分布理论的优点,研究并提出一种基于动态分数阶微分和 Alpha 稳定分布理论的自适应粒子群优化(ADFCAPO)算法[11]。该算法利用具有记忆特性的分数阶微分理论,使粒子群优化算法粒子的更新融入轨迹信息,提高了算法的收敛速度;采用动态的惯性权重有利于种群搜索,同样动态分数阶的阶数也有利于提高种群搜索能力。同时使用 Alpha 稳定分布理论代替标准算法中的均匀分布产生随机数,使得粒子具备逃逸局部极小值的能力,提高了算法的全局搜索能力。

6.3.2　均匀初始化粒子策略

粒子群初始化的方式对粒子群优化算法性能会产生一定的影响,而对一个问题进行优化求解之前,该问题最优解的位置是未知的,如果随机产生初始种群,个体不具有代表性。如果当优化问题所需搜索的空间维度较高时,随机初始化得到的粒子群初始位置很容易局限在一个较小的空间里,使得粒子群优化算法难以跳出局部最优值进而实现全局寻优。如果粒子能够均匀地初始化在搜索空间可行域内,那么粒子群优化算法便能在整个可行空间上进行搜索,使种群能够以更高的概率搜索到最优解[9,10]。针对粒子群初始化问题,提出一种均匀初始化粒子群初始位置的方法,即根据问题解每一维的最大值和最小值平均分为三段,取每一段上的中点作为该维的第三个初始点。

6.3.3　Alpha 稳定分布随机函数策略

Alpha 稳定分布被用于替代随机函数。首先生成两个独立的随机变量 V 和 W。V 是一个在 $\left[-\dfrac{\pi}{2},\dfrac{\pi}{2}\right]$ 区间上均匀分布的变量,W 是一个均值为 1 的指数分布变量。根据两个参数系下参数之间的关系,可以推得标准参数系下服从 $S(\alpha,\beta,1,0)$ 分布的随机变量生成方法。

当 $\alpha \neq 1$ 时，首先定义：

$$M_{\alpha,\beta} = \left[1 + \beta^2 \tan^2 \frac{\pi\alpha}{2} \right]^{\frac{1}{2\alpha}} \tag{6.7}$$

该表达式表示参数 σ^2 与 σ 之间的变换关系。定义：

$$N_{\alpha,\beta} = -\frac{\arctan\left(\beta \tan \frac{\pi\alpha}{2} \right)}{\alpha} \tag{6.8}$$

该表达式表示参数 β^2 与 β 之间的变换关系，用以代替 S^2 参数系产生法中的 V_0。可得：

$$X = M_{\alpha,\beta} \frac{\sin(\alpha(V - N_{\alpha,\beta}))}{(\cos(V))^{\frac{1}{\alpha}}} \left(\frac{\cos(V - \alpha(V - N_{\alpha,\beta}))}{W} \right)^{\frac{1-\alpha}{\alpha}} \tag{6.9}$$

当 $\alpha = 1$ 时，$M = \dfrac{\pi}{2}$，$\beta^2 = \beta$，可得：

$$\begin{aligned}
X &= M\left[\left(\frac{\pi}{2} + \beta V \right) \tan V - \beta \log\left[\frac{W \cos V}{\frac{\pi}{2} + \beta V} \right] \right] \\
&= \frac{\pi}{2}\left[\left(\frac{\pi}{2} + \beta V \right) \tan V - \beta \log\left[\frac{W \cos V}{\frac{\pi}{2} + \beta V} \right] \right]
\end{aligned} \tag{6.10}$$

生成的 X 即为标准参数系下服从 $S(\alpha, \beta, 1, 0)$ 分布的随机变量。Alpha 稳定分布随机变量具有如下两个性质：

性质一：若 $X \sim S(\alpha, \beta, \sigma, \mu)$，$a_0$ 是一个非零的实常数，则：

$$a_0 X \sim \begin{cases} S(\alpha, \mathrm{sign}(a_0)\beta, |a_0|\sigma, a_0\mu), & \alpha \neq 1 \\ S(\alpha, \mathrm{sign}(a_0)\beta, |a_0|\sigma, a_0\mu - \dfrac{2}{\pi}a_0(\log|a_0|)\sigma\beta), & \alpha = 1 \end{cases} \tag{6.11}$$

性质二：若 $X \sim S(\alpha, \beta, \sigma, \mu)$，$a_0$ 是一个实常数，则：

$$X + \alpha_0 \sim S(\alpha, \beta, \sigma, \mu + \alpha_0) \tag{6.12}$$

利用上述两个性质，可得若 $X \sim S(\alpha, \beta, 1, 0)$，则：

$$Y = \begin{cases} \sigma X + \mu, & \alpha \neq 1 \\ \sigma X + \dfrac{2}{\pi}\beta\sigma\log\sigma + \mu, & \alpha = 1 \end{cases} \tag{6.13}$$

随机变量 Y 满足 $Y \sim S(\alpha, \beta, \sigma, \mu)$，据此，可以得到产生标准参数系下具有在四个参数的规定范围内服从任意参数值组合的随机变量的方法。采用 $\alpha = 1.5$ 的 Levy 分布，这种分布介于高斯分布 $\alpha = 2.0$ 和柯西分布 $\alpha = 1.0$ 之间。该分布可不同于标准算法中[0,1]的均匀分布，基于该分布的随机函数在一定的概率条件下可以获得较大的值，从而使得粒子有机会逃逸局部极小点，扩大其搜索范围。

6.3.4　基于动态分数阶微分的速度计算策略

分数阶微分理论被用来更新粒子速度。惯性权重设置为 $w = 1.0$，可以改写为下面的形式：

$$v_{i,j}(t+1) - v_{i,j}(t) = c_1 \text{stbr}(pB_{ij}(t) - x_{ij}(t)) + c_2 \text{stbr}(gB_{ij}(t) - x_{ij}(t)) \tag{6.14}$$

其中，stbr() 表示 Alpha 稳定分布生成的随机函数。左边的 $v_{i,j}(t+1) - v_{i,j}(t)$ 是一阶差分，由于在 PSO 算法中，粒子飞行是离散时间的，其最小间隔 $T = 1$，其差分形式如下：

$$\alpha D_\alpha^t = c_1 \text{stbr}(pB_{ij}(t) - x_{ij}(t)) + c_2 \text{stbr}(gB_{ij}(t) - x_{ij}(t)) \tag{6.15}$$

根据伽马函数递推公式，差分公式前 5 项的近似表达式如下：

$$\begin{aligned} v_{i,j}(t+1) = {} & \alpha v_{ij}(t) + \frac{1}{2}\alpha v_{ij}(t-1) + \frac{1}{6}\alpha(1-\alpha)v_{ij}(t-2) + \frac{1}{24}\alpha(1-\alpha)(2-\alpha)v_{ij}(t-3) \\ & + \frac{1}{120}\alpha(1-\alpha)(2-\alpha)(3-\alpha)v_{ij}(t-4) + c_1 \text{stbr}(pB_{ij}(t) - x_{ij}(t)) \\ & + c_2 \text{stbr}(gB_{ij}(t) - x_{ij}(t)) \end{aligned} \tag{6.16}$$

为了使粒子具有扩展搜索空间的能力，阶数 α 根据粒子的状态和最优粒子的轨迹信息动态调整。阶数 α 的初始值为 0.5，上下界为[0.4,0.8]，每隔 20 步迭代调整一次 α，调整过程如下：

Step 1. 计算每个粒子与其他粒子之间距离的总和。

$$d_i = \frac{1}{M-1}\sum_{j=1, j+i}^{M} \sqrt{\sum_{k=1}^{N}(x_{i,k} - x_{j,k})^2} \tag{6.17}$$

Step 2. 参照上式计算最优粒子和各个粒子距离的总和 $d_{g_{\text{best}}}$。

Step 3. 根据粒子最优轨迹信息确定 β 值。如果粒子最优位置 20 步没有发生变化，则 β 值加 0.1；否则 β 值为 0。

Step 4. 计算分数阶微分的阶数。

$$\alpha = \frac{0.55}{1 + 1.5 e^{-2.6 \times \left| \frac{d_{g_{\text{best}}} - d_{\min}}{d_{\max} - d_{\min}} \right|}} \tag{6.18}$$

Step 5. 根据上下界调整阶数。

6.3.5　ADFCAPO 算法流程

基于动态分数阶微分和 Alpha 稳定分布理论的自适应粒子群优化算法的实现步骤，描述如下：

Step 1.　ADFCAPO 算法初始化

完成 ADFCAPO 算法参数的初始化。随机生成 M 个初始粒子和初始速度、最大迭代次数、搜索空间的上下限、学习因子 c_1 和 c_2；个体最优位置设为当前粒子的位置，全局最优为个体最优中最好的。

Step 2.　粒子适应度值的评价

计算每个粒子的适应度值。若该值优于当前粒子个体最优值，将该值设为新的个体最优值；根据各个粒子的个体最优值找出全局最优值。

Step 3.　粒子速度的更新

利用 Alpha 稳定分布理论生成随机数，利用基于动态分数阶的方法更新粒子的速度。

Step 4.　粒子位置的更新

根据公式更新粒子当前的位置。如果粒子的位置超出了搜索空间，将其设置为搜索空间的边界值。

Step 5.　判断算法是否达到终止条件

判断是否达到终止条件，如果算法达到最大迭代次数或者满足最小误差，则算法结束，并记录全局最优值及粒子位置；否则转向 Step 2。

6.4　机场停机位分配多目标优化模型的建立

6.4.1　优化目标函数的构建

机场停机位分配的好坏决定了机场的正常运转情况，良好的停机位分配有利于安全和高效的完美结合。良好的停机位分配优化目标最终反映在航空公司、机场等的运营成本与效益以及旅客的满意程度[12-15]。因此，将旅客总行走距离之和最短、各停机位空闲时间方差最小、停机坪停靠飞机数量最少和大型停机位最充分利用作为优化目标函数，描述如下[16-20]：

1）旅客总行走距离之和最短

通过建立旅客行走矩阵，可以定量给出不同停机位与安检口之间的距离，由此确定旅客的行走距离，从而区分停机位的好坏。因此，旅客总行走距离之和最短作为优化目标函数，可表示为：

$$F_1 = \min \sum_{i=1}^{n} \sum_{j=1}^{m} \sum_{k=1}^{p} q_{ij} f_k y_{ik} \tag{6.19}$$

其中，q_{ij} 是指航班 i 到停机位 j 的旅客人数；f_k 是指旅客到达停机位 k 所行走的距离；y_{ik} 航班 i 被分配到停机位 k 则为 1，否则为 0。

2) 各停机位空闲时间方差最小

对于各停机位而言，如果空闲时间段均衡性较差，那么这种分配往往无法应对航班进离港时刻的改变。因此，停机位空闲时间方差最小作为优化目标函数，可表示为：

$$F_2 = \min \sum_{i=1}^{n} \sum_{k=1}^{p} S_{ij}^2 \tag{6.20}$$

其中，S_{ij} 表示同一停机位上相邻两个航班之间的空闲时间。

3) 停机坪停靠飞机数量最少

$$F_3 = \min \sum_{i=1}^{n} G_i \tag{6.21}$$

其中，G_i 表示航班是否停靠在停机坪远机位，仅当航班 i 被分配到停机坪远机位时，G_i 值是 1，否则为 0。

4) 大型停机位最充分利用

$$F_4 = \min \sum_{i=1}^{n} \sum_{k=1}^{p} w_{ik} \tag{6.22}$$

其中，w_{ik} 表示航班大小和停机位大小的匹配情况。仅当航班 i 停放到停机位 k，且航班 i 的大小和停机位 k 的大小相匹配时，w_{ik} 值为 0，否则为 1。

6.4.2　多目标优化函数的无量化

对于停机位分配多目标优化函数，直接求解会非常困难，因此需要寻找一种多目标优化问题的处理方法[21-23]。这里采用加权法将旅客总行走距离之和最短、各机位空闲时间方差最小、停机坪停靠飞机数量最少和大型停机位最充分利用的多目标优化函数转化单目标优化函数，可表示为：

$$F = w_1 \left(\min \sum_{i=1}^{n} \sum_{j=1}^{m} \sum_{k=1}^{p} q_{ij} f_k y_{ik} \right) + w_2 \left(\min \sum_{i=1}^{n} \sum_{k=1}^{p} S_{ij}^2 \right) + w_3 \left(\min \sum_{i=1}^{n} G_i \right) + w_4 \left(\min \sum_{i=1}^{n} \sum_{k=1}^{p} w_{ik} \right) \tag{6.23}$$

其中，w_1，w_2，w_3 和 w_4 是权重系数。根据各优化目标的重要程度，结合多次实验对不同的数据组合进行分析，最终确定一组比较符合机场实际运行的权重系数。

6.5　基于 ADFCAPO 算法的机场停机位分配优化方法

由于停机位分配问题是一个 NP-hard 问题，具有复杂的约束条件，问题规模较为庞大，传统求解方法较难找到精确的最优解。因此将具有全局优化能力的 ADFCAPO 算法用于求解机场停机位分配优化模型，实现一种基于 ADFCAPO 算法的机场停机位分配优化方法，以获得满意的最优停机位分配结果[11]。基于 ADFCAPO 算法的机场停机位分配优化方法实现步骤，描述如下：

Step 1.　根据机场航班和停机位数据，初始化 ADFCAPO 算法的参数，主要包括粒子数、学习因子、权重系数、最大迭代次数、当前迭代次数、随机产生初始解的个数等。

Step 2.　适应度函数的选择。

适应度函数是 ADFCAPO 算法用来评判粒子优劣程度的方法，适应度值代表了粒子优劣的量化指标，适应度值越好个体越趋近于所求的最优解。在机场停机位分配中，由于安全时间约束处理中采用惩罚策略来改变其适应度值，并且也是求解最小值问题，因此，先将约束条件 $L_{ij} + ST - A_{kj} \leqslant 0\ (\forall i,k \in F, j \in G)$ 作为罚函数项加入到原优化目标函数中，得到机场停机位分配优化目标函数，可表示为：

$$
\begin{aligned}
F = {} & w_1\left(\min\sum_{i=1}^{n}\sum_{j=1}^{m}\sum_{k=1}^{p} q_{ij}f_k y_{ik}\right) + w_2\left(\min\sum_{i=1}^{n}\sum_{k=1}^{p} S_{ij}^2\right) + w_3\left(\min\sum_{i=1}^{n} G_i\right) \\
& + w_4\left(\min\sum_{i=1}^{n}\sum_{k=1}^{p} w_{ik}\right) + w_5\left(M\sum_{i=1}^{n}\sum_{k=1}^{p}[\min(0, A_{i,j} - ST - L_{i,j} \geqslant 0)]^2\right)
\end{aligned}
\tag{6.24}
$$

其中，M 是一个充分大的正数。当停机位分配发生冲突即约束条件不满足时，得到适应度值会非常大，使得冲突粒子被下一代选择到的概率大大减少甚至为零，以此达到惩罚目的。在航班类型与停机位匹配性约束处理中，采用搜索空间约束法。

Step 3.　目标函数归一化处理。

在机场停机位分配多目标优化模型中，由于每个目标函数都有自己的维数、单位和数量级，对求解该模型有很大的影响。因此，不仅需要用加权法确定权重系数，以获得最终的优化目标函数，还需要对目标函数进行归一化处理。归一化方法是一种简化计算的方法，它将量纲表达式转换成无量纲表达式，形成标量，可以简化计算。用于标准化优化目标函数的方法，可表示为：

$$
F_i^{\text{trans}} = \frac{F_i - F_i^{\min}}{F_i^{\max} - F_i^{\min}}
\tag{6.25}
$$

其中，F_i^{trans} 是第 i 个归一化目标函数，F_i 是第 i 个原目标函数值，$F_i^{\min}$ 和 $F_i^{\max}$ 分别

是第 i 个原目标函数的最小值和最大值。

这里将获得的优化目标函数进行归一化处理,得到最终的归一化优化目标函数,可表示为:

$$F = w_1 F_1^{\text{trans}} + w_2 F_2^{\text{trans}} + w_3 F_3^{\text{trans}} + w_4 F_4^{\text{trans}} + w_5 F_5^{\text{trans}} \tag{6.26}$$

Step 4. 根据粒子当前的位置,利用得到的适应度函数计算粒子当前的适应度值 l_0,并将其设为当前个体极值 PlBest,对应的当前粒子位置 PxBest,通过当前个体极值找出当前全局极值 GlBest,对应的粒子位置 GxBest。

Step 5. 计算第 j 个粒子的位置 $X_0(j)$,并先后与 GxBest、PlBest(j) 进行交叉操作,然后再进行变异操作得到新的粒子位置 $X_1(j)$。

Step 6. 计算当前粒子位置的适应值 $l_1(j)$,若 $l_1(j) <$ PlBest(j),则将该值设置为新的个体最优值,即 PlBest(j)=$l_1(j)$,PxBest(j)=$X_1(j)$,否则个体极值保持不变。

Step 7. 根据各粒子个体极值 PlBest,求出全局极值 GlBest 和全局极值位置 GxBest。

Step 8. 利用 Alpha 稳定分布理论生成随机数,然后再利用基于动态分数阶微分的速度计算方法更新粒子的速度。

Step 9. 根据式(6.2)更新粒子当前的位置,如果粒子的位置超出了搜索空间,将其设置为搜索空间的边界值。

Step 10. 判断是否达到终止条件,若达到结束条件,则输出全局极值 GlBest 及全局极值位置 GxBest,获得机场停机位最优分配结果;否则转向 Step 2。

6.6 算 例 分 析

6.6.1 实验数据与参数设置

根据某机场一天的航班计划,以高峰时段 8:00-24:00 之间有 17 个可供分配给航班停靠的停机位进行测试和仿真。17 个停机位编号为 1~17,其中 7 个大型停机位,6 个中型停机位,4 个小型停机位。大型停机位可以停靠所有机型航班,中型停机位可以停靠中、小机型航班,小型停机位只能停靠小机型航班。停机位详细信息如表6.1 所示。在该有限时间段内有 50 架航班需要分配停机位,50 架航班详细信息如表6.2 所示。其中航班号(C/S)、航班所属的航空器机型(TYPE)、每个航班旅客人数(PN)、预计起飞时间(ETD)、预计到达时间(ATD)。50 个航班包括大机型航班 19个,中机型航班 21 个,小机型航班 10 个。

ADFCAPO 算法各参数设置如下:粒子数 M=100,惯性权重为 $w=1$,分数阶微分的阶数在[0.4,0.8]之间动态变化,学习因子 $c_1=c_2=2$,最大迭代次数 $T_{\max}=800$,

搜索中如果全局最优值每相隔 100 次迭代后变化小于 1E-20，则停止搜索，算法求解独立运行 15 次。根据对机场实际运营情况的衡量及各个目标的重要性程度，结合多次实验对不同的数据组合进行分析，最终确定一组比较符合机场实际运行的权重值，权重被设定 $w_1 = 0.40$，$w_2 = 0.25$，$w_3 = 0.20$ 和 $w_4 = 0.15$。为了避免冲突，在同一个停机位设置了两个相邻航班之间的最短间隔时间 $t=10$ 分钟。

表 6.1　某枢纽机场停机位信息

机位编号	机位类型	进港步行距离/m	离港步行距离/m	初始可用时间	服务结束时间
1	L	560	235	6:30	24:00
2	L	400	250	6:30	24:00
3	L	500	700	6:30	24:00
4	L	476	1042	6:30	24:00
5	L	128	894	6:30	24:00
6	S	858	567	6:30	22:00
7	L	1083	239	6:30	24:00
8	M	990	245	6:30	22:00
9	M	133	285	6:30	23:00
10	S	297	266	6:30	22:00
11	M	238	382	6:30	24:00
12	M	641	967	6:30	22:00
13	M	212	247	6:30	22:00
14	S	801	299	6:30	22:00
15	S	442	999	6:30	22:00
16	M	488	279	6:30	23:00
17	L	153	729	6:30	24:00

表 6.2　某机场某日航班时刻表

C/S	TYPE	旅客人数	ATD	ETD	C/S	TYPE	旅客人数	ATD	ETD
F01	M	140	09:00	09:50	F10	M	178	10:40	11:35
F02	S	138	08:30	09:10	F11	L	293	11:00	12:35
F03	L	340	09:00	09:50	F12	M	166	11:00	12:25
F04	L	293	08:30	10:20	F13	L	255	11:25	13:15
F05	L	252	08:15	09:00	F14	M	183	11:30	12:20
F06	S	105	07:30	08:50	F15	M	176	11:30	12:40
F07	S	130	10:15	11:20	F16	L	220	12:00	13:55
F08	M	166	10:00	10:50	F17	M	173	11:45	13:40
F09	M	191	10:25	22:55	F18	M	145	11:50	12:45

续表

C/S	TYPE	旅客人数	ATD	ETD	C/S	TYPE	旅客人数	ATD	ETD
F19	S	118	11:55	12:55	F35	M	193	14:25	16:10
F20	M	153	12:10	14:00	F36	L	300	14:30	15:20
F21	L	256	12:45	14:40	F37	S	104	14:00	15:20
F22	S	104	12:05	13:00	F38	L	219	14:55	16:00
F23	L	269	12:10	13:30	F39	L	239	15:00	15:50
F24	M	140	12:20	13:20	F40	S	111	19:55	21:25
F25	M	142	12:20	13:40	F41	M	166	18:30	19:25
F26	S	129	12:20	13:30	F42	L	242	19:30	20:50
F27	M	190	12:30	14:10	F43	M	167	18:55	19:55
F28	M	142	12:25	14:10	F44	L	278	21:00	22:55
F29	M	163	12:40	14:40	F45	M	195	20:10	22:00
F30	M	185	12:55	13:40	F46	L	255	20:00	21:15
F31	L	258	12:50	14:30	F47	L	219	22:30	23:25
F32	S	133	12:00	12:55	F48	L	254	21:25	23:15
F33	M	156	13:00	14:25	F49	L	258	21:30	22:45
F34	S	120	13:10	14:45	F50	L	276	22:15	23:10

6.6.2　实验结果与分析

ADFCAPO 算法独立运行 15 次求解机场停机位分配优化模型,选择其中一次停机位分配最优结果进行分析。机场停机位分配问题的最优值为 0.4391,50 个航班的分配结果,如表 6.3 所示;机场停机位最优分配结果的甘特图,如图 6.2 所示。

表 6.3　停机位分配结果

停机位	分配结果	数量	停机位	分配结果	数量
1	F16 F49	2	10	F07 F19 F34 F40	4
2	F13 F21 F39 F47	4	11	F09 F24	2
3	F05 F25	2	12	F10 F17	2
4	F18 F33 F50	3	13	F14 F28	2
5	F03 F11 F29 F38 F42 F44	6	14	F32	1
6	F22	1	15	F06 F26 F37	3
7	F23	1	16	F02 F20 F43	3
8	F15 F30	2	17	F04 F23 F36 F46 F48	5
9	F01 F08 F12 F27 F35 F41 F45	7			

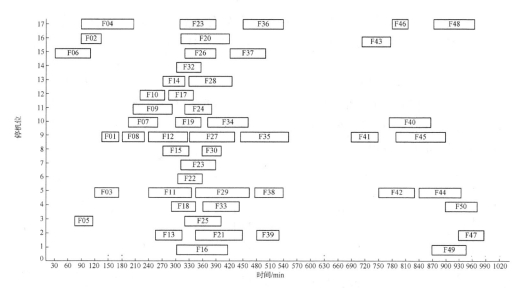

图 6.2　停机位分配结果的甘特图

从表 6.3、图 6.2 和图 6.3 可以看出，对于 8:00～24:00 之间的 17 个停机位和 50 个航班，停机位分配结果不存在空闲的停机位。对于同一类型的停机位，如果停机位离安检口较近，则会有更多的航班分配给这类停机位，如 2 号停机位分配到 4 个航班，5 号停机位分配到 6 个航班，9 号停机位分配到 7 个航班，10 号停机位分配到 4 个航班，17 号停机位分配到 5 个航班。6、7 和 14 号停机位分配到最少的航班数，这三个停机位仅分配到 1 个航班，其原因是 6、7 和 14 离安检口都比较远，乘客到达这些停机位需要走更远的距离。一般来说，离安检口较近的停机位具有较高的利用率。但这些停机位过度的使用会损坏设备，容易造成设备故障。因此，在停机位分配优化模型中应考虑均衡利用停机位问题。综上分析可知，基于旅客总行走距离之和最短、各机位空闲时间方差最小、停机坪停靠飞机数量最少和大机位最充分利用所构建的停机位分配优化模型，可以提高机场停机位的平衡率和使用效

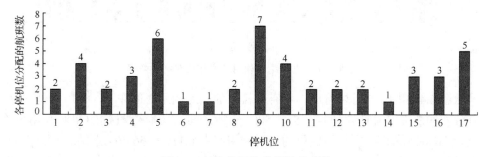

图 6.3　每个停机位分配的航班数

率，以及乘客的满意度，并具有一定处理航班延误引起航班动态变化的能力。ADFCAPO 算法能够快速有效地求解停机位分配优化模型，具有较好的优化性能和稳定性。

　　为了进一步分析 ADFCAPO 算法求解停机位分配优化模型的有效性，每个停机位的绝对利用时间和相对利用时间，用于评价 ADFCAPO 算法和停机位分配优化模型的优点。因此，各停机位绝对利用时间和效率以及相对利用时间和效率的统计结果，如图 6.4 和图 6.5 所示。

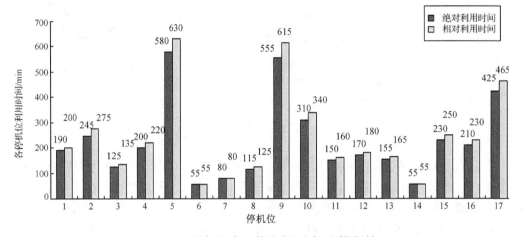

图 6.4　各停机位绝对利用时间和相对利用时间

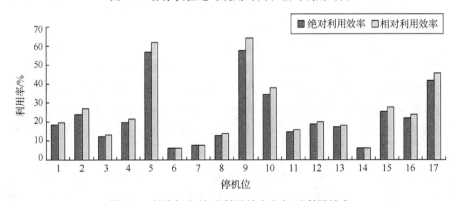

图 6.5　各停机位绝对利用效率和相对利用效率

　　从图 6.4 和图 6.5 可以看出，所有停机位的相对利用时间在 55～630 分钟之间，所有停机位的绝对利用时间在 55～580 分钟之间。所有停机位的相对利用率在 6.11%～64.06%之间，所有停机位的绝对利用率在 6.11%～56.86%之间。5 号停机位的绝对利用时间和相对利用时间分别为 580 分钟和 630 分钟，该停机位在 17 个停机位中使用时间最长。9 号停机位的绝对利用率和相对利用率分别为 57.81%和

64.06%，该停机位在 17 个停机位中利用率最高，其原因是 9 号停机位离安检口最近，乘客到达该停机位所需时间较少。6 和 14 号停机位的绝对利用时间和相对利用时间为 55 分钟，是 17 个停机位中使用时间最短的停机位。它们的绝对利用率和相对利用率为 6.11%，这两个停机位在 17 个停机位中利用率最低，其原因是 6 和 14 号停机位离安检口较远，乘客需要步行较长的距离才能到达这两个停机位。综上分析可知，各停机位得到了均衡利用，降低了人为因素造成的安全风险。

6.6.3　结果比较与分析

为了进一步证明所提出的 ADFCAPO 算法的优化性能，选择了基本粒子群（PSO）算法、蚁群优化（ACO）算法、具有粒子分集控制器策略和耗散操作的混合粒子群优化（HPSO）算法进行比较分析。PSO 和 HPSO 算法的惯性权重在 0.95～0.40 之间呈线性下降。ACO 算法的参数设置为：种群大小为 50，控制参数为 $\alpha = \beta = 2.0$，信息素量为 60，信息素挥发率为 0.05，其他参数的设置与 ADFCAPO 算法相同。四个算法分别独立求解机场停机位分配优化模型 15 次，获得的停机位分配比较结果，如表 6.4、图 6.6 和图 6.7 所示。

表 6.4　停机位分配结果比较

次数	PSO 算法			ACO 算法			HPSO 算法			ADFCAPO 算法		
	运行时间/s	迭代次数	最优值	运行时间/s	迭代次数	最优值	运行时间/s	迭代次数	最优值	运行时间/s	迭代次数	最优值
1	11.6572	462	0.5918	8.3054	375	0.4903	50.1354	344	0.4861	79.9515	318	0.4432
2	10.3481	389	0.5744	9.1328	352	0.5132	51.3645	316	0.4902	78.4416	431	0.4441
3	11.5733	417	0.5805	8.9535	386	0.5104	52.7541	289	0.4845	86.8880	347	0.4449
4	12.7691	426	0.5697	8.1402	297	0.5035	53.0516	234	0.4802	77.8503	387	0.4419
5	11.8402	386	0.5781	10.0453	362	0.5167	52.0578	189	0.4931	95.4725	175	0.4449
6	11.6429	467	0.5638	9.9451	341	0.4935	51.7602	451	0.4873	78.1423	115	0.4434
7	11.4379	385	0.5904	8.3023	305	0.4817	51.9649	238	0.4906	89.0283	160	0.4452
8	10.8095	421	0.5883	8.9426	407	0.4977	50.8570	346	0.4894	87.9840	324	0.4429
9	10.6843	379	0.5896	9.4504	279	0.5032	52.8405	331	0.4910	87.7115	82	0.4391
10	11.4854	427	0.5963	10.5832	349	0.5205	51.0561	365	0.4807	89.5230	423	0.4478
11	12.0460	419	0.5768	9.5370	356	0.4947	52.1642	278	0.4892	87.4770	53	0.4485
12	12.4631	463	0.5872	9.4932	318	0.5016	52.1971	253	0.4918	89.1883	178	0.4469
13	11.6489	417	0.5769	10.9417	295	0.4983	50.8468	341	0.4975	88.0790	217	0.4451
14	11.3683	343	0.5386	9.3041	345	0.5346	51.7345	302	0.4964	79.3742	410	0.4512
15	12.0565	396	0.5916	9.1305	336	0.4980	50.7492	364	0.4895	88.9139	363	0.4461
均值	**11.5887**	**413.133**	**0.5796**	**9.3472**	**340.2**	**0.5039**	**51.7023**	**309.4**	**0.4892**	**85.6017**	**265.5333**	**0.4450**

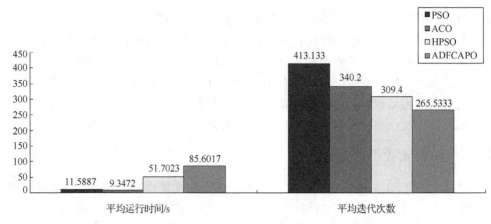

图 6.6　4 种算法的平均运行时间和迭代次数比较结果

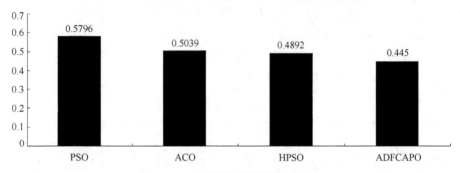

图 6.7　4 种算法的最优值比较结果

从表 6.4、图 6.6 和图 6.7 可以看出，采用基本 PSO 算法求解所构建的机场停机位分配多目标优化模型，在第 343 代找到最优目标值为 0.5386，找到最优值的平均迭代数为 413.1，平均最优目标值为 0.5796。采用 ACO 算法求解所构建的机场停机位分配多目标优化模型，在第 375 代找到最优目标值为 0.4903，找到最优值的平均迭代数为 340.2，平均最优目标值为 0.5039。采用 HPSO 算法求解所构建的机场停机位分配多目标优化模型，在第 234 代找到最优目标值为 0.4802，找到最优值的平均迭代数为 309.4，平均最优目标值为 0.4892。采用 ADFCAPO 算法求解所构建的机场停机位分配多目标优化模型，在第 82 代找到最优目标值为 0.4391，找到最优值的平均迭代数为 265.5，平均最优目标值为 0.4450。因此，对于基本 PSO 算法、ACO 算法、HPSO 算法和 ADFCAPO 算法分别用于求解所构建的机场停机位分配多目标优化模型，ADFCAPO 算法获得的最优目标值、平均迭代数和平均最优目标值均优于基本 PSO 算法、ACO 算法、HPSO 算法获得的相应值。也就是说，采用 ADFCAPO 算法求解停机位分配问题，能获得最好的优化解。但从实验结果也可以看出，ADFCAPO 算法的时间复杂度比基本 PSO 算法、ACO 算法、HPSO 算法时间复杂度高。

综上所述，虽然 ADFCAPO 算法在求解构建的机场停机位分配多目标优化模型时耗费了更多的时间，但通过比较基本 PSO 算法、ACO 算法和 HPSO 算法获得解的质量，可知 ADFCAPO 算法能获得高质量的优化解。它可以有效地提高机场停机位分配的综合服务性能。因此，所构建的机场停机位分配优化模型可以显著平衡停机位的利用率，减少旅客步行距离，提高机场的服务水平和旅客的满意度。提出的 ADFCAPO 算法具有避免局部最小值的能力，提高了算法的全局搜索能力。基于 ADFCAPO 算法的停机位分配优化方法有效地提高了停机位分配的灵活性，避免了航班延误的发生，为机场停机位的分配提供了有价值的参考。

6.7　本 章 小 结

本章首先介绍了基本粒子群优化算法、分数阶微分和 Alpha 稳定分布理论的基本知识，提出采用分数阶微分和 Alpha 稳定分布理论改进自适应粒子群优化算法，提出一种 ADFCAPO 算法。详细介绍了 ADFCAPO 算法思想、均匀初始化粒子策略、Alpha 稳定分布随机函数策略、基于动态分数阶的速度计算策略，对 ADFCAPO 算法流程进行了描述。建立了以旅客总行走距离之和最短、各机位空闲时间方差最小、停机坪停靠飞机数量最少和大机位最充分利用的机场停机位分配多目标优化模型，提出了基于 ADFCAPO 算法的机场停机位分配优化方法，描述了该方法的详细步骤。通过某一机场某天典型的航班计划，并与 PSO、ACO、HPSO 算法进行了比较分析，实验结果表明，ADFCAPO 算法具有避免局部最小值的能力和全局搜索能力，以及较强的适应性和鲁棒性，提高了机场停机位分配的灵活性，避免了大量航班延误的发生，为机场停机位的分配提供了参考。

参 考 文 献

[1]　高鹰. 仿生智能计算中的粒子群优化算法及应用[M]. 北京: 科学出版社出版, 2018.

[2]　Dorigo M, Gambardella L M. Ant colony system: A cooperative learning approach to the traveling salesman problem[J]. IEEE Transactions on Evolutionary Computation, 1997, 1(1): 53-66.

[3]　韩红桂, 阿音嘎, 张璐, 等. 自适应分解式多目标粒子群优化算法[J]. 电子学报, 2020, 48(7): 1245-1254.

[4]　李江杰, 常安定, 陈童, 等. 融合牛顿-最速下降算子的自适应粒子群算法[J]. 微电子学与计算机, 2020, 37(2): 1-7.

[5]　徐刚, 瞿金平, 杨智韬. 一种改进的自适应粒子群优化算法[J]. 华南理工大学学报: 自然科学版, 2008, 36(9): 6-10.

[6]　黄洋, 鲁海燕, 许凯波, 等. 基于 S 型函数的自适应粒子群优化算法[J]. 计算机科学, 2019,

46(1): 245-250.

[7]　吕太之, 李卓. 基于动态分数阶和 Alpha 稳定分布的粒子群优化算法[J]. 计算机科学, 2014, 41(7): 246-249.

[8]　Podlubny I. Fractional-order system and fractional-order control[J]. IEEE Transactions on Automatic Control, 1999, 44(1): 208-214.

[9]　Podlubny I. Realization of fractional-order control[J]. Acta Montanistica Slovaca, 2003, 8(4): 233-235.

[10]　Couceiro M, Sivasundaram S. Novel fractional order particle swarm optimization[J]. Applied Mathematics and Computation, 2016, 283: 36-54.

[11]　Deng W, Zhao H M, Yang X H, et al. Study on an improved adaptive PSO algorithm for solving multi-objective gate assignment[J]. Applied Soft Computing, 2017, 59: 288-302.

[12]　贾嘉, 慕德俊. 基于粒子群优化的云计算低能耗资源调度算法[J]. 西北工业大学学报, 2018, 36(2): 339-344.

[13]　李学俊, 徐佳, 朱二周, 等. 任务调度算法中新的自适应惯性权重计算方法[J]. 计算机研究与发展, 2016, 53(9): 1990-1999.

[14]　苏原, 何秋钊. 基于混合粒子群算法的机场停机位优化分配问题研究[J]. 中国民航飞行学院学报, 2013, 34(1): 24-28.

[15]　张勇. 枢纽机场停机位与跑道组合优化模型及算法研究[D]. 天津: 中国民航大学, 2013.

[16]　Tang C H, Yan S Y, Hou Y Z. A gate reassignment framework for real time flight delays[J]. 4OR, 2010, 8(3): 299-318.

[17]　Nikulin Y, Drexl A. Theoretical aspects of multicriteria flight gate scheduling: Deterministic and fuzzy models[J]. Journal of Scheduling, 2010, 13(3): 261-280.

[18]　Dorndorf U, Jaehn F, Pesch E. Modelling robust flight-gate scheduling as a clique partitioning problem[J]. Transportation Science, 2008, 42(3): 292-301.

[19]　Merve S, Nilay N. Stochastic optimization models for the airport gate assignment problem[J]. Transportation Research Part E: Logistics and Transportation Review, 2012, 48(2): 438-459.

[20]　Mercedes E N, Miquel A P. Robust gate assignment procedures from an airport management perspective[J]. Omega, 2015, 50: 82-95.

[21]　Yan S Y, Huo C M. Optimization of multiple objective gate assignments[J]. Transportation Research Part A: Policy and Practice, 2001, 35(5): 413-432.

[22]　Behrends J A, Usher J M. Aircraft gate assignment: using a deterministic approach for integrating freight movement and aircraft taxiing[J]. Computers and Industrial Engineering, 2016, 102: 44-57.

[23]　Benlic U, Burke E K, Woodward J R. Breakout local search for the multi-objective gate allocation problem[J]. Computers & Operations Research, 2017, 78: 80-93.

第7章 多策略量子进化算法求解机场停机位分配问题

本章介绍进化算法和量子计算的基本原理和优缺点,针对进化算法存在的问题,结合进化算法和量子计算的量子进化算法,引入小生境技术和粒子群优化算法,研究一种多策略量子进化(quantum evolutionary algorithm with niche coevolution and particle swarm optimization,NCPQEA)算法,通过标准测试函数和机场停机位分配问题验证算法的可行性和有效性。

7.1 进 化 算 法

7.1.1 进化算法概述

进化算法,也被称为演化算法(evolutionary algorithms,EAs),它不是一个具体的算法,而是一个"算法簇"[1]。进化算法的产生灵感借鉴了大自然中生物的进化操作,它一般包括基因编码、种群初始化、交叉变异算子、保留机制等基本操作。与传统的基于微积分的方法和穷举方法等优化算法相比,进化计算是一种成熟的具有强鲁棒性和广泛适用性的全局优化方法,具有自组织、自适应、自学习的特性,能够不受问题性质的限制,能有效地处理传统优化算法难以解决的复杂优化问题,比如 NP 难问题等[2-4]。

此外,进化算法还经常被用于求解多目标优化问题,一般称这类进化算法为多目标进化算法(multi-objective evolutionary algorithms,MOEAs)。目前进化计算的相关算法已经被广泛用于参数优化、工业调度、资源分配、复杂网络分析等领域[5-7]。

7.1.2 进化算法原理

进化算法包括遗传算法、遗传规划、进化规划和进化策略等。它是基于自然选择和自然遗传等生物进化机制的一种搜索算法[1]。同普通搜索方法一样,进化计算也是一种迭代算法,不同的是进化计算在最优解的搜索过程中,一般是从原问题的一组解出发改进到另一组较好的解,再从这组改进的解出发进一步改进。进化算法在搜索过程中利用结构化和随机性的信息,使最满足目标的决策获得最大的生存可能,是一种概率型的算法。

进化算法的基本框架是简单遗传算法所描述的框架,但在进化的方式上有较大的差异,选择、交叉、变异、种群控制等有些变化,进化算法的框架图如图 7.1 所示。

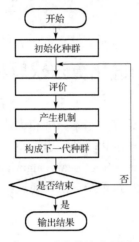

图 7.1　进化算法流程图

进化算法是以达尔文的进化论思想为基础，通过模拟生物进化过程与机制求解问题的自组织、自适应的人工智能技术。它主要通过选择、交叉和变异这三种操作实现优化问题的求解，其伪代码描述如下：

算法 7.1　进化算法
输入：算法初始化参数
输出：最优值

```
1. begin
2. while 终止条件不满足
3. do
4.    Reorganization operation: p(t)=r(p(t))
5.    mutation operation: p(t)=m(p(t))
6.    evaluation operation: p(t)
7.    selection operation: p(t+1)=s(p(t)UQ)
8.    t=t+1
9. end
```

算法中，r、m、s 分别表示交叉算子、变异算子和选择算子。

7.1.3　进化算法特点

进化计算是一种具有鲁棒性的方法，能适应不同的环境不同的问题，而且在大多数情况下都能得到比较满意的优化解。该算法对问题的整个参数空间给出一种编码方案，而不是直接对问题的具体参数进行处理，不是从某个单一的初始点开始搜索，而是从一组初始点搜索。搜索中用到的是目标函数的信息，可以不必用到目标函数的导数信息或与具体问题有关的特殊知识。因而，进化算法具有广泛的应用性、高度的非线性、易修改性和可并行性。

7.2　量 子 计 算

7.2.1　量子计算概述

量子计算(quantum computation，QC)是一种遵循量子力学规律调控量子信息单元进行计算的新型计算模式[8]。其概念最早由美国阿贡国家实验室的 Benioff 于 20 世纪 80 年代初期提出，他提出二能阶的量子系统可以用来仿真数字计算；稍后费曼也对这个问题产生兴趣而着手研究，并在 1981 年于麻省理工学院举行的第一届计算物理会议(First Conference on Physics of Computation)中发表了一场演讲，勾勒出以量子现象实现计算的愿景。1985 年，牛津大学的 Deutsch 提出量子图灵机(quantum Turing machine)的概念，量子计算才开始具备了数学的基本形式。然而量子计算研究多半局限于探讨计算的物理本质，还停留在相当抽象的层面。

7.2.2　量子计算原理

量子力学态叠加原理使得量子信息单元的状态可以处于多种可能性的叠加状态，从而导致量子信息处理从效率上相比于经典信息处理具有更大潜力[9]。普通计算机中的 2 位寄存器在某一时间仅能存储 4 个二进制数(00、01、10、11)中的一个，而量子计算机中的 2 位量子位(Q-bit)寄存器可同时存储这四种状态的叠加状态。随着量子比特数目的增加，对于 n 个量子比特而言，量子信息可以处于 2 种可能状态的叠加，配合量子力学演化的并行性，可以展现出比传统计算机更快的处理速度。

1)量子位

量子位(Q-bit)是量子计算的理论基石。在常规计算机中，信息单元用二进制的 1 个位来表示，它不是处于"0"态就是处于"1"态。在二进制量子计算机中，信息单元称为量子位，它除了处于"0"态或"1"态外，还可处于叠加态(superposed state)。叠加态是"0"态和"1"态的任意线性叠加，它既可以是"0"态又可以是"1"态，"0"态和"1"态各以一定的概率同时存在。通过测量或与其他物体发生相互作用而呈现出"0"态或"1"态。任何两态的量子系统都可用来实现量子位，例如氢原子中电子的基态(ground state)和第 1 激发态(first excited state)、质子自旋在任意方向的+1/2 分量和−1/2 分量、圆偏振光的左旋和右旋等。

一个量子系统包含若干粒子，这些粒子按照量子力学的规律运动，称此系统处于态空间的某种量子态。这里所说的态空间是指由多个本征态(eigenstate)(即基本的量子态)所张成的矢量空间，基本量子态简称基本态(basic state)或基矢(basic vector)。态空间可用 Hilbert 空间(线性复向量空间)来表述，即 Hilbert 空间可以表述量子系统各种可能的量子态。为了便于表示和运算，Dirac 提出用符号|x⟩来表示

量子态，|x⟩ 是一个列向量，称为 ket；它的共轭转置(conjugate transpose)用 ⟨x|表示，⟨x|是一个行向量，称为 bra。一个量子位的叠加态可用二维 Hilbert 空间(即二维复向量空间)的单位向量来描述。

2）叠加原理

把量子考虑成磁场中的电子。电子的旋转可能与磁场一致，称为上旋转状态，或者与磁场相反，称为下旋状态。如果能在消除外界影响的前提下，用一份能量脉冲能将下自旋态翻转为上自旋态；那么用一半的能量脉冲，将会把下自旋状态制备到一种下自旋与上自旋叠加的状态上(处在每种状态上的概率为二分之一)。对于 n 个量子比特而言，它可以承载 2 的 n 次方个状态的叠加状态。而量子计算机的操作过程被称为幺正演化，幺正演化将保证每种可能的状态都以并行的方式演化。这意味着量子计算机如果有 500 个量子比特，则量子计算的每一步会对 2^{500} 种可能性同时做出了操作。2^{500} 是一个可怕的数，它比地球上已知的原子数还要多。

7.2.3　量子门

在量子计算中，基本信息单位是量子比特，最根本的运算元件为量子逻辑门。常见的单比特量子门，如表 7.1 所示：

表 7.1　常用单比特量子门的名称及矩阵

名称	符号	矩阵
Hadamard 门	H	$\frac{1}{\sqrt{2}}\begin{bmatrix} 1 & 1 \\ 1 & -1 \end{bmatrix}$
Pauli-X 门	X	$\begin{bmatrix} 0 & 1 \\ 1 & 0 \end{bmatrix}$
Pauli-Y 门	Y	$\begin{bmatrix} 0 & -i \\ i & 0 \end{bmatrix}$
Pauli-Z 门	Z	$\begin{bmatrix} 1 & 0 \\ 0 & -1 \end{bmatrix}$
相位门	S	$\begin{bmatrix} 1 & 0 \\ 0 & i \end{bmatrix}$
$\pi/8$ 门	T	$\begin{bmatrix} 1 & 0 \\ 0 & e^{i\pi/4} \end{bmatrix}$
量子旋转门	R	$\begin{bmatrix} \cos\theta & -\sin\theta \\ \sin\theta & \cos\theta \end{bmatrix}$

表 7.1 中最为常用的量子门是量子旋转门与 Hadamard 门[10]，量子旋转门矩阵如式(7.1)所示：

$$|\varphi'\rangle = R|\varphi\rangle = \begin{bmatrix} \cos\theta & -\sin\theta \\ \sin\theta & \cos\theta \end{bmatrix}\begin{bmatrix} \cos\varphi \\ \sin\varphi \end{bmatrix} = \begin{bmatrix} \cos(\varphi+\theta) \\ \sin(\varphi+\theta) \end{bmatrix} \tag{7.1}$$

Hadamard 门的矩阵，可表示为：

$$H = \frac{1}{\sqrt{2}}\begin{bmatrix} 1 & 1 \\ 1 & -1 \end{bmatrix} \tag{7.2}$$

7.2.4　量子旋转门

量子旋转门的方向主要涉及以下参数。a_j^g 表示量子染色体 a_j^g 和 a_{ji}^g 的第 i 个二进制观测值。a_i^* 表示 a^* 的第 i 个二进制值，对于量子染色体 q_j^g，为了使它进化为更好的值，合理有效的旋转方向应该是增加 q_{ji}^g 被观察到 a_i^* 的几率。方向取决于 q_{ji}^g 的状态向量所在的象限、a_{ji}^g 和 a_i^* 的值以及相对优值 x_j^g 和 x^*。相对优值取决于其相应的目标函数值，在这里研究目标是在求解过程中目标函数值越小越好，即优化问题是求极小值问题。

三种常用的方法用来确定量子旋转门的旋转方向，将它们命名为旋转方向 1，旋转方向 2 和旋转方向 3[11]。为了直观地表达旋转方向的方案，由 Han 和 Kim 提出用于处理背包问题的量子旋转门的调整方案 1[12]，如表 7.2 所示。

表 7.2　量子旋转门的调整方案 1

a_{ji}^g	a_i^*	$f(x_j^g) \geq f(x^*)$	x_{ji}^g			
			$\alpha_{ji}^g \cdot \beta_{ji}^g > 0$	$\alpha_{ji}^g \cdot \beta_{ji}^g > 0$	$\alpha_{ji}^g = 0$	$\beta_{ji}^g = 0$
0	0	False	0	0	0	0
0	0	True	0	0	0	0
0	1	False	0	0	0	0
0	1	True	−1	+1	±1	0
1	0	False	−1	+1	±1	0
1	0	True	+1	+1	0	±1
1	1	False	+1	−1	0	±1
1	1	True	+1	−1	0	±1

表 7.2 中，a_{ji}^g 为当前染色体的二进制观测值，a_i^* 为当前最优染色体的二进制观测值，$f(x)$ 为适应度函数。旋转方向 1 与其他两种方案相比所需设置参数较多，在满足很多条件的情况下才能执行，而且没有明显的规律可以总结。旋转方向 1 的旋转示意图，如图 7.2 所示。

图 7.2(a) 是在 $f(x_j^g) \geq f(x^*)$ 情况下，A 所指代的情况是当 $a_{ji}^g = 0$ 且 $a_i^* = 1$ 时的旋转方向，B 所指代的是当 $a_{ji}^g = 1$ 且 $(a_i^* = 0 \vee a_i^* = 1)$ 时的旋转方向。图 7.2(b) 是在 $f(x_j^g) < f(x^*)$ 情况下，C 所指代的是当 $a_{ji}^g = 1$ 且 $a_i^* = 0$ 时的旋转方向，D 所指代的是当 $a_{ji}^g = 1$ 且 $a_i^* = 1$ 时的旋转方向。

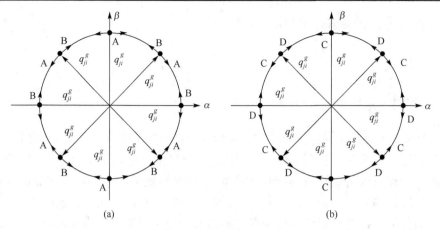

图 7.2　旋转方向 1 示意图

由 Han 和 kim 提出用来解决背包问题的旋转方向 2，是一个更简洁的旋转方向方案[13]。在旋转方向 2 中，量子旋转门只在满足少数条件的情况下执行，仅适用于量子染色体满足以下条件时：

(1)量子染色体的相应解比当前最佳解差；

(2)相应染色体的二进制值不同于 x_i^*；

(3)不存在零概率角度大小。

因此，量子旋转门的调整方案 2，如表 7.3 所示。

表 7.3　量子旋转门的调整方案 2

a_{ji}^g	a_i^*	$f(x_j^g) \geqslant f(x^*)$	x_{ji}^g			
			$\alpha_{ji}^g \cdot \beta_{ji}^g > 0$	$\alpha_{ji}^g \cdot \beta_{ji}^g > 0$	$\alpha_{ji}^g = 0$	$\beta_{ji}^g = 0$
0	0	False	0	0	0	0
0	0	True	0	0	0	0
0	1	False	+1	−1	0	+1/0/±1
0	1	True	−1	+1	+1/0/±1	0
1	0	False	−1	+1	+1/0/±1	0
1	0	True	+1	−1	0	+1/0/±1
1	1	False	0	0	0	0
1	1	True	0	0	0	0

以 $f(x_j^g) < f(x^*)$ 情况为例，旋转方向 2 的旋转示意图，如图 7.3 所示。

图 7.3 中，A 所指代的方向是当 $a_{ji}^g = 0$ 且 $a_i^* = 1$ 时的旋转方向，B 所指代的是当 $a_{ji}^g = 1$ 且 $a_i^* = 0$ 时的旋转方向。

旋转方向 3 由 Andressa、Roberto 和 Alan 提出，其特点是当相应染色体的二进

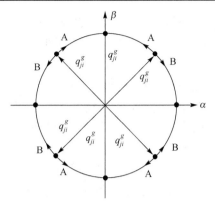

图 7.3　旋转方向 2 示意图

制观测值不同于 a_i^* 时量子旋转门执行操作。量子旋转门的调整方案 3，如表 7.4 所示。

表 7.4　量子旋转门的调整方案 3

a_{ji}^g	a_i^*	$f(x_j^g) \geqslant f(x^*)$	x_{ji}^g			
			$\alpha_{ji}^g \cdot \beta_{ji}^g > 0$	$\alpha_{ji}^g \cdot \beta_{ji}^g > 0$	$\alpha_{ji}^g = 0$	$\beta_{ji}^g = 0$
0	0	False	0	0	0	0
0	0	True	0	0	0	0
0	1	False	+1	−1	0	0
0	1	True	0	0	0	0
1	0	False	−1	+1	0	0
1	0	True	0	0	0	0
1	1	False	0	0	0	0
1	1	True	0	0	0	0

旋转方向 3 的旋转示意图，如图 7.4 所示。

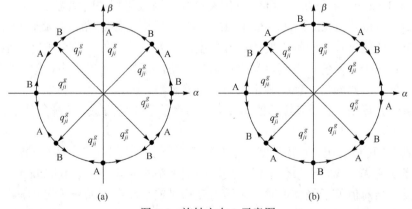

(a)　　　　　　　　　　　　　　(b)

图 7.4　旋转方向 3 示意图

图 7.4(a)是在 $f(x_j^g) \geqslant f(x^*)$ 情况下，图 7.4(b)是在 $f(x_j^g) < f(x^*)$ 情况下，A 所指代的情况是当 $a_{ji}^g = 0$ 且 $a_i^* = 1$ 时的旋转方向，B 所指代的是当 $a_{ji}^g = 1$ 且 $a_i^* = 0$ 时的旋转方向。

针对量子门的许多研究中提到关于旋转角度大小对收敛速度和获得结果质量影响的相关探讨，理论上旋转角度越小，求解速度越慢，同时获得的结果越好，换句话说，收敛到全局最优解的概率越大。反之，当旋转角度越大，求解速度越快，获得的结果可能越差，甚至可能会发散，或过早收敛到局部最优值。Han 和 Kim 提出，旋转角度应该设置在合理的范围内，大小可以从 0.001π 到 0.05π[14]。此后，许多研究人员提出了各种不同的方法来确定旋转角度的大小，其中大部分都在这个范围内。通过综合分析相关文献中不同方法的特点，给出一个确定旋转角度大小的分类图，如图 7.5 所示。

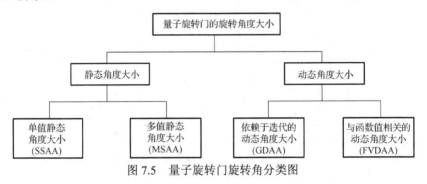

图 7.5　量子旋转门旋转角分类图

根据确定方式将旋转角度大小分为静态角和动态角两类。动静态是指旋转角度的非零值是否在整个进化过程中有所变化。静态角又可进一步分为单值静态角大小（single-value static angle amplitude，SSAA）和多值静态角大小（multi-value static angle amplitude，MSAA）。动态角又可进一步分为依赖于迭代的动态角（generation-dependant dynamic angle amplitude，GDAA）和与函数值相关的动态角大小（function value-dependant dynamic angle amplitude，FVDAA）[12]。静态角是指旋转角度非零，而且在整个进化过程中保持不变的一种角度选取方式。此外，如果角度大小在所有条件下只有一个非零值，将其定义为单值静态角，但如果角度大小在除零值以外的不同条件下取不同的值，就将其定义为多值静态角。

在量子计算中，量子旋转门的角度大小为多值静态角方式，各种条件下的取值，如表 7.5 所示。

从表 7.5 可以看出，旋转角度大小取决于五个条件的非零值，从 0.005π 到 0.05π 不等。当前值优于或等于最优值时，旋转角度大小相对较大，在 0.025π 和 0.05π 之间；相反，当前值差于最优值时，旋转角度相对较小，在 0.005π 和 0.01π 之间。多值静态角方案通常对应旋转方向 1 使用，单值静态角方案通常对应旋转方向 2 使用。

表 7.5　MSAA 取值方案表

b_{ji}^g	b_i^*	$f(s_j^g) \geqslant f(s^*)$	θ_{ji}^g
0	1	True	0.05π
1	0	False	0.01π
1	0	True	0.025π
1	1	False	0.005π
1	1	True	0.025π
Others			0

依赖于迭代的动态角是指角度大小在整个进化过程中随着迭代次数的改变而变化。一般来说，在进化开始的时候所有个体与最佳解之间通常存在较大的距离，为了加快收敛速度，角度大小通常需要设置为较大值，随着不断的进化，所有的个体都可能会先后接近最优解，此时应该逐渐减小角度大小以避免遗漏最优解，并提高收敛精度。这种角度大小随着迭代次数的增加而逐渐减小的角度选择方法，在理论上是合理可行的。在相关文献中，一般是使用与迭代次数相关的单调递减连续函数，如线性函数、负指数函数等。Ji 等人提出的一种量子进化二进制引力搜索算法（BGSA）和机会约束规划的组合用来解决风电一体化的热机组问题[15]，其中用到的旋转角度可表示为：

$$\theta_{ji}^g = \theta_{\max} - (\theta_{\max} - \theta_{\min}) \cdot \text{gen} / \text{maxgen} \tag{7.3}$$

其中，gen 和 maxgen 分别表示当前的发电量和预先建立的最大发电量，$\theta_{\max}$ 和 $\theta_{\min}$ 分别表示旋转角的最大值和最小值。

Zhang 等人提出的量子遗传算法，其旋转角度大小随着迭代数的负指数变化，相应的函数表达式为[16,17]：

$$\theta_{ji}^g = C \cdot \exp\left(-\frac{\text{gen}}{\text{maxgen}}\right) \tag{7.4}$$

其中，C 是控制角度大小范围的常数，旋转角度的最大值和最小值分别是 C 和 $C \cdot \exp(-\text{gen} / \text{maxgen})$。

Xu 和 Wang 引入了一种改进的带有免疫算子的量子遗传算法来求解多模态函数优化问题[18]。在该算法中，旋转角度大小随着迭代次数的增加而逐步减小，相应的函数表达式为：

$$\theta_{ji}^g = \begin{cases} 0.05\pi, & \text{gen} \leqslant \text{maxgen} / 4 \\ 0.01\pi, & \text{maxgen} / 4 < \text{gen} \leqslant \text{maxgen} / 2 \\ 0.005\pi, & \text{maxgen} < \text{gen} \leqslant 3 \cdot \text{maxgen} / 4 \\ 0.0025\pi, & \text{gen} > 3 \cdot \text{maxgen} / 4 \end{cases} \tag{7.5}$$

为了直观地比较上述三种旋转角确定方式，设置式中的相关值 $\theta_{min}=0.0025\pi$，$\theta_{max}=0.05\pi$，$C=0.05\pi$，最大迭代数为 200，旋转角度大小的变化趋势，如图 7.6 所示。

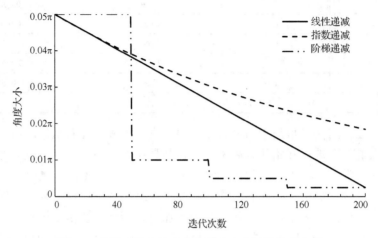

图 7.6　依赖于迭代的动态角角度大小的变化趋势图

与函数值相关的动态角是指在整个进化过程中角度大小随着目标函数值变化而变化。一般来说，当前最佳解与目标函数值之差越大，旋转角度大小越大；反之亦然。Vlachogiannis 等提出了一种通用的量子遗传算法[19]，用来确定 IEEE 30 总线和 118 总线的最优无功功率和电压控制的控制变量优化设置系统，其中旋转角度大小可表示为：

$$\theta_{ji}^g = \pi \cdot (1 - f(s^*)/f(s_j^g)) \qquad (7.6)$$

通常优化问题是一个求最小值的问题，而且目标函数值总是正值，可以将旋转角度大小的变化范围是设定在 $[0,\pi)$，$f(s^*)$ 和 $f(s_j^g)$ 两者之间的差值越大，旋转角度就越大。

7.3　量子进化算法

7.3.1　量子进化算法概述

量子进化算法是一种概率搜索算法，采用量子位(Q-bit)或概率幅的编码方式，利用量子态的叠加性和相干性，一个染色体能够表示多个状态的叠加，这样就大大减少了染色体的个数，因此与传统的进化算法相比，量子进化算法具有更好的种群多样性。通过量子门更新种群，驱动种群向最优解进化[20-22]。

一个量子位可表示为：

$$|\varphi\rangle = \alpha|0\rangle + \beta|1\rangle \tag{7.7}$$

其中，α 和 β 为复数，分别表示量子位状态为 $|0\rangle$ 和 $|1\rangle$ 的概率幅。$|\alpha|^2$ 和 $|\beta|^2$ 分别表示该量子位处于 0 状态和 1 状态的概率，且 α 和 β 满足条件 $|\alpha|^2 + |\beta|^2 = 1$。一个长度为 m 的量子染色体可表示为：

$$\begin{bmatrix} \alpha_1 & \alpha_2 & \cdots & \alpha_{m-1} & \alpha_m \\ \beta_1 & \beta_2 & \cdots & \beta_{m-1} & \beta_m \end{bmatrix} \tag{7.8}$$

量子进化算法具有如下优点[23-27]：

(1) 算法不依赖于问题本身，具有广泛的适用性，可以用于求解不同工程问题。

(2) 算法原理较简单，易于理解。

(3) 搜索效率较高，收敛速度快，能够较快地寻找到最优解。

(4) 全局搜索能力强，在群体搜索中，种群分散性好，染色体可以对应多个搜索状态。

(5) 易于与其他算法混合，以提高算法的求解能力。

但是在解决复杂优化问题时，量子进化算法的计算能力较弱，容易陷入局部最优。而且在种群的更新过程中，所使用的量子门需要设定的参数较多，参数取值需要查表，实现起来较为复杂。为了使量子进化算法能够更有效地解决复杂优化问题，探索改进 QEA 算法是非常必要且具有现实意义的。

7.3.2　量子遗传算法

量子遗传算法(genetic quantum algorithm，QGA)是最具代表性的量子进化算法，于 2000 年由 Han 等首次提出将量子态编码引入到进化计算中，开始了人类对量子遗传算法的研究[12]。在传统的进化算法中，种群采用交叉、变异等操作进行更新，QGA 则提出使用量子旋转门操作更新量子染色体，通过查表方式来确定旋转角的更新方式来进行种群寻优，QGA 在收敛速度和全局搜索性能上都超过了传统遗传算法[28-34]。QGA 算法流程，如图 7.7 所示：

量子遗传算法的详细实现步骤，描述如下[35-37]：

Step 1. 初始化量子染色体种群。

将包含 n 个个体的种群表示为 $Q(t) = \left\{ q_1^t, q_2^t, q_3^t, \cdots, q_n^t \right\}$，其中 $q_j^t(j = 1, 2, \cdots, n)$ 是种群第 t 代第 j 个量子染色体；将种群中每个个体的量子位概率幅初始值设为 $(\alpha_i, \beta_i) = \left(\dfrac{1}{\sqrt{2}}, -\dfrac{1}{\sqrt{2}} \right)(i = 1, 2, \cdots, m)$；设置迭代次数 $t=0$。

Step 2. 量子观测。

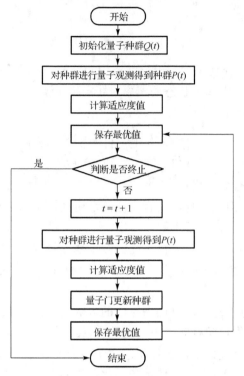

图 7.7　量子遗传算法流程图

对种群 $Q(t)$ 中的每个个体进行一次观测，观测过程逐位进行，量子观测是指随机产生一个[0,1]之间的随机数，如果该随机数小于概率幅，则测量结果取 0，否则取 1。然后量子编码将转换为二进制编码串。观测结果 $P(t) = \left\{ p_1^t, p_2^t, \cdots, p_n^t \right\}$，其中 $p_j^t (j = 1, 2, \cdots, n)$，$n$ 是种群规模，m 是量子染色体长度。

Step 3. 计算适应度值并保存最优值。

将观测后得到的二进制数，依次转换为十进制数，带入目标函数中进行计算，求得目标函数的适应度值，并保存所有最优适应度值。

Step 4. 量子更新。

量子更新的主要作用是通过不断迭代,改变上一代中量子染色体量子位的状态,增大其产生优良二进制个体的概率，实现量子染色体的进化。采用量子门变换矩阵的方式更新种群，根据量子门变换矩阵的可逆性，选择不同的量子门变换矩阵可以有效解决应用问题。常用的量子门变换矩阵有量子旋转门、异或门、受控异或门和 Hadamard 变换门等。

在求解复杂优化问题时，主要的操作是采用下列量子旋转门对种群进行更新：

$$\begin{vmatrix} \alpha_i' \\ \beta_i' \end{vmatrix} = \begin{vmatrix} \cos\theta_i & -\sin\theta_i \\ \sin\theta_i & \cos\theta_i \end{vmatrix} \begin{vmatrix} \alpha_i \\ \beta_i \end{vmatrix} \tag{7.9}$$

其中，$[\alpha_i, \beta_i]^{\mathrm{T}}$ 为染色体中的第 i 个量子位；θ_i 为旋转角，$\theta_i = s(\alpha_i, \beta_i)\Delta\theta_i$。

量子旋转门旋转角大小和方向的调整策略，如表 7.6 所示：

表 7.6　量子旋转门的调整策略

x_i	$best_i$	$f(x) \geqslant f(b)$	$\Delta\theta_i$	$s(\alpha_i, \beta_i)$			
				$\alpha_i\beta_i > 0$	$\alpha_i\beta_i < 0$	$\alpha_i = 0$	$\beta_i = 0$
0	0	False	0	0	0	0	0
0	0	True	0	0	0	0	0
0	1	False	0	0	0	0	0
0	1	True	0.05π	-1	$+1$	± 1	0
1	0	False	0.01π	-1	$+1$	± 1	0
1	0	True	0.025π	$+1$	-1	0	± 1
1	1	False	0.005π	$+1$	-1	0	± 1
1	1	True	0.025π	$+1$	-1	0	± 1

从表 7.6 可知，x_i 为当前染色体的第 i 位，$best_i$ 为最优染色体的第 i 位，$f(x)$ 为适应度函数，$\Delta\theta_i$ 为旋转角度大小，用于控制算法收敛的速度；$s(\alpha_i, \beta_i)$ 为旋转角度的方向，用于保证算法的收敛性。

量子遗传算法是来源于遗传算法的一个概率优化搜索算法。不仅保存了遗传算法的优点，同时也弥补了遗传算法的不足。量子遗传算法具有收敛速度快、寻优能力强、种群多样性丰富，在求解优化问题时表现出比传统方法更好的优化效果[38-40]。但量子遗传算法也还存在着以下缺点：在量子遗传算法中，量子旋转门操作在旋转角的选取上一般是固定值，通过查表的方式设置较多的所需参数，而且随着种群的不断进化其灵活性受到限制，容易使种群收敛速度变慢；同时量子遗传算法的迭代目标为当前的最优解，这样随着种群继续进化可能会影响到算法的寻优能力，使其陷入局部极值，影响最终结果。

7.4　多策略量子进化算法

7.4.1　NCPQEA 思想

QEA 算法具有种群分散性好、收敛速度快、全局搜索能力强、易于与其他算法集成等优点。但在求解复杂优化问题时，其优化能力较弱，容易陷入局部最优。小生境协同进化策略具有较好的全局优化能力和收敛速度，能够保持解的多样性。PSO 算法能够保留全局种群和局部个体的最优信息，具有较强的记忆能力和全局搜索能力。它可以在全局种群和局部个体之间进行协同搜索，但其局部搜索能力差，搜索精度较低，容易陷入局部最优。然而随着科学技术的发展和各种应用领域的不断拓宽，一些优化问题成为大规模复杂问题，具有大规模、高维、复杂、约束、非线性、多极小化和非线性、很难建模等特点，导致传统方法计算复杂度高，求解精度低。因此，为了利用各种优化算法和进化策略的优点，将小生境协同进化策略、改进的 PSO 算法和 QEA 相结合，提出一种多策略量子进化算法（NCPQEA），用于解决大规模复杂优化问题[41,42]。在 NCPQEA 中，采用基于概率分割的小生境协同进化策略控制算法子种群之间的拥挤和竞争，使每个子种群在进化过程中动态形成自己独立的搜索空间，实现种群协同进化，提高全局和局部搜索能力；通过定义迭代次数变化的表达式，动态确定 PSO 算法的学习因子，提高搜索精度和效率，避免陷入局部最优；利用具有记忆特性的改进 PSO 算法控制量子门的更新，利用种群的最优状态和个体的局部最优信息，自动调整量子旋转门的旋转角度和方向，这样就不需要通过查表来获得量子旋转门的旋转角度大小和方向。因此，NCPQEA 具有较强的搜索能力、较快的收敛速度和较高的搜索精度，提高了算法的整体优化能力和求解效率。

7.4.2　基于小生境进化策略的 QEA 种群初始化

量子进化算法种群初始化是将各个体的量子位概率幅 (α_i, β_i) 初始化为 $\left(\dfrac{1}{\sqrt{2}}, -\dfrac{1}{\sqrt{2}}\right)$。小生境来源于一个生物学概念，指在特定环境下的一种生存环境；在自然界中生物进化，往往是同一特征与自己非常相似的生物共同生活并繁衍后代。小生境进化策略是将种群的每一代分类，对具体子种群进行迭代寻优，最后再将这些不同子种群中的优良个体组成新种群来进行后续的进化。因此，为了加强种群的多样性，引入基于概率划分的小生进化境策略来初始化量子进化算法种群，其核心思想是将量子位概率空间平均划分 N 个，这样就构成 N 个子种群，将每个子种群内的个体初始化为相同概率的量子染色体。不同的子种群个体的状态，以不同的概率出现，这样就增加了种群个体初始化的多样性。将 N 个种群中第 i 个种群个体量子位初始化为：

$$\begin{bmatrix} \alpha_i \\ \beta_i \end{bmatrix} = \begin{bmatrix} \sqrt{\dfrac{i}{N}} \\ \sqrt{1-\dfrac{i}{N}} \end{bmatrix} \tag{7.10}$$

通过对多个子种群设置不同初始值来进行进化，可以提高算法的全局搜索能力和局部搜索能力。

7.4.3　PSO 学习因子的动态确定策略

PSO 算法的原理简单，容易实现，对所求解的实际问题背景依赖性较弱，易于与其他算法相结合。PSO 算法进化方程的学习因子取值较为重要，其大小影响粒子的个体和群体认知，反映了粒子与群体之间的信息交流。学习因子 c_1 的值设置过大会使粒子在局部范围内移动，学习因子 c_2 的值过大会使粒子过早收敛到局部极值。因此，对 PSO 算法学习因子 c_1 和 c_2 取值进行探究，提出一种随着迭代次数改变而变化的动态确定学习因子策略，描述如下：

$$c_1 = c_2 = 2 \cdot t / T \tag{7.11}$$

其中，t 是当前迭代次数，T 是总迭代次数。

在该动态确定学习因子策略中，学习因子的取值随着迭代次数的改变动态改变，这样的取值方式既能缩短运算时间，同时也能加快种群更新速度。

7.4.4　基于改进 PSO 的量子旋转门更新策略

QEA 算法中种群更新是通过量子旋转门来实现，采用如下表达式的量子旋转门来更新种群。

$$U(\theta) = \begin{bmatrix} \cos\theta & -\sin\theta \\ \sin\theta & \cos\theta \end{bmatrix} \tag{7.12}$$

其中，θ 为旋转角，$\theta = \Delta\theta \cdot s(\alpha, \beta)$，$\Delta\theta$ 表示旋转角的旋转大小，用于控制种群的收敛速度；$s(\alpha, \beta)$ 表示旋转角的旋转方向，控制种群的进化方向。

在种群更新过程中，$\Delta\theta$ 和 $s(\alpha, \beta)$ 的取值极为重要，传统的 QEA 采用查表方式来确定 $\Delta\theta$。这种确定方式，角度取值单一，容易使迭代过程过早结束，进化从而得不到最终目标值，不利于复杂问题的优化求解。因此引入改进 PSO 算法，对量子旋转门的旋转角大小进行自动调整，即重新定义改进 PSO 算法进化方程参数所表达的含义，量子旋转门的旋转角可描述为：

$$\theta = c_1(P_{iq} - X_{iq}) + c_2(P_{gf} - X_{gf}) \tag{7.13}$$

其中，X_{iq} 表示第 i 个量子染色体位置，P_{iq} 表示量子的个体最佳适应度，是量子染色体本身所找到的最优解，X_{gf} 表示最优适应度的量子染色体位置，P_{gf} 表示全局极值，是整个种群当前找到的最优适应度值。每一次迭代中，量子通过跟踪个体极值和局部极值，确定量子旋转门的旋转角度。调整量子旋转门旋转角大小和方向的表达式，可表示为：

$$\begin{cases} \theta = c_1(P_{iq} - X_{iq}) + c_2(P_{gf} - X_{gf}) \\ \begin{bmatrix} \alpha'_{iq} \\ \beta'_{iq} \end{bmatrix} = \begin{bmatrix} \cos(\theta) & -\sin(\theta) \\ \sin(\theta) & \cos(\theta) \end{bmatrix} \begin{bmatrix} \alpha_{iq} \\ \beta_{iq} \end{bmatrix} \end{cases} \tag{7.14}$$

基于改进 PSO 的量子旋转门更新策略，能够简化算法结构，减少参数数量，利用粒子具有记忆特性的思想，充分利用量子染色体自身的最优信息和群体的最优信息，从而更加合理地调整量子旋转门旋转角的大小和方向，增强算法跳出局部最优的能力，提高算法运行效率。

7.4.5　NCPQEA 模型

基于小生境进化策略和改进粒子群的多策略量子进化算法（NCPQEA）流程，如图 7.8 所示。

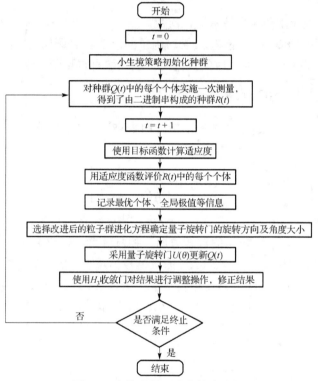

图 7.8　多策略量子进化算法流程

7.4.6　NCPQEA 步骤

基于小生境进化策略和改进粒子群的多策略量子进化算法（NCPQEA）实现步骤，详细描述如下：

Step 1. 初始化种群 $Q(t)$。

令 $t=0$，对函数定义域分段，将量子位概率空间划分 N 个，利用小生境协同进化策略，将每段空间初始化为不同概率的量子染色体，令 $\begin{bmatrix} \alpha_i \\ \beta_i \end{bmatrix} = \begin{bmatrix} \sqrt{\dfrac{i}{N}} \\ \sqrt{1-\dfrac{i}{N}} \end{bmatrix}$。

Step 2. 对种群 $Q(t)$ 进行一次测量生成 $R(t)$，得到二进制编码。

首先产生一个[0,1]之间的随机数 s，若 $|\alpha_i{}^t|^2$ 小于随机数 s，则对应位置取值为 0；否则为 1。由此，得到由二进制串构成的种群 $R(t)$。

Step 3. 用适应度函数评价 $R(t)$ 中的每个个体，计算目标函数的适应度值。

Step 4. 记录最佳个体 b，全局极值 p，迭代次数 t，最优适应度 x 存到 best 中。

Step 5. 采用量子旋转门 $U(\theta)$ 更新 $Q(t)$。

选择改进 PSO 算法进化方程确定量子旋转门的旋转角度大小及方向，使用 $U(\theta) = \begin{bmatrix} \cos\theta & -\sin\theta \\ \sin\theta & \cos\theta \end{bmatrix}$ 量子旋转门对种群 $Q(t)$ 进行更新。

Step 6. 当量子旋转门操作使得量子比特的 α 和 β 过于接近于 1 或者 0 时，对结果进行 H_3 收敛门调整操作，修正结果。

Step 7. 记录更新后的最佳个体 b，全局极值 p，迭代次数 t，最优适应度 x 存到 best 中。

Step 8. 判断是否达到最大迭代次数或者满足最小误差，如果是算法结束，输出最优解；否则，令 $t=t+1$，并返回 Step 5。

7.5　数值实验与分析

7.5.1　标准测试函数

为了验证提出的 NCPQEA 的优化性能，选取 Dejong (F_1)、Griewank (F_2)、Goldstein-Price (F_3)、Schaffer (F_4)、Cross-in-tray (F_5)、Drop-wave (F_6)、Holder table (F_7) 和 Levy (F_8) 8 个标准测试函数来测试算法性能，标准测试函数的表达式、取值范围和最小值，如表 7.7 所示。

表 7.7　测试函数描述

函数名及表达式	变量取值范围	函数最优值
$F_1 = 100(x_1^2 - x_2)^2 + (1 - x_1)^2$	$-2,048 \leqslant x_i \leqslant 2.048$，$i=1,2$	$F_1(1,1)=0$
$F_2 = \dfrac{1}{4000}\sum_{i=1}^{n} x_i^2 - \prod_{i=1}^{n}\cos\left(-\dfrac{x_i}{\sqrt{i}}\right) + 1$	$x_i = [-600,600]^n$	$F_2(0,0)=0$
$F_3 = [1 + (x_1 + x_2 + 1)^2(19 - 14x_1 + 3x_1^2 - 14x_2 + 6x_1x_2 + 3x_2^2)] \cdot$ $[30 + (2x_1 - 3x_2)^2 \cdot (18 - 32x_1 + 12x_1^2 + 48x_2 - 36x_1x_2 + 27x_2^2)]$	$-2 \leqslant x_i \leqslant 2$，$i=1,2$	$F_3(0,-1)=3$
$F_4 = 0.5 + \dfrac{\sin^2\sqrt{x_1^2 + x_2^2} - 0.5}{[1.0 + 0.001(x_1^2 + x_2^2)]^2}$	$-100 \leqslant x_i \leqslant 100$，$i=1,2$	$F_4(0,0)=0$

函数名及表达式	变量取值范围	函数最优值
$F_5 = -0.0001 \left(\left\| \sin(x_1)\sin(x_2)\exp\left(\left\|100 - \dfrac{\sqrt{x_1^2 + x_2^2}}{\pi}\right\| \right) \right\| + 1 \right)^{0.1}$	$-10 \leqslant x_i \leqslant 10$, $i=1,2$	$F_5(1.3491, -1.3491) = -2.06261$
$F_6 = -\dfrac{1 + \cos\left(12\sqrt{x_1^2 + x_2^2}\right)}{0.5(x_1^2 + x_2^2) + 2}$	$-5.12 \leqslant x_i \leqslant 5.12$, $i=1,2$	$F_6(0,0) = -1$
$F_7 = -\left\| \sin(x_1)\cos(x_2)\exp\left(\left\|1 - \dfrac{\sqrt{x_1^2 + x_2^2}}{\pi}\right\| \right) \right\|$	$-10 \leqslant x_i \leqslant 10$, $i=1,2$	$F_7(8.05502, 9.66459) = -19.2085$
$F_8 = \sin^2(3\pi x_1) + (x_1 - 1)^2[1 + \sin^2(3\pi x_2)] + (x_2 - 1)^2[1 + \sin^2(2\pi x_2)]$	$-10 \leqslant x_i \leqslant 10$, $i=1,2$	$F_8(1,1) = 0$

7.5.2 实验环境与参数设置

实验环境选择：Intel(R) core(TM) i5-7400 CPU 3.00GHz，8GB RAM，Windows 10，MATLAB R2018a。

对于算法相关参数的设置，在对一些已有文献中使用过的经典值进行部分调整修改，设置了适合求解标准测试函数的相关算法参数。参数设置如下：种群大小为 40，迭代次数为 200 代，量子染色体二进制长度为 20，量子比特编码长度 40，Hadamard 门的 ε 约束值为 0.01π。

7.5.3 实验结果与比较

选择基本量子进化算法(QEA)、基于小生境进化策略改进的量子进化算法(NQEA)、基于改进粒子群优化算法的量子进化算法(PQEA)、GDAA 和 FVDAA 来比较提出的多策略量子进化算法(NCPQEA)的优化性能。每个标准测试函数独立求解 20 次，最优值、平均值、方差、平均迭代次数和平均时间作为评价指标，获得的实验结果如表 7.8 所示。

表 7.8　标准测试函数的实验结果

函数	算法	最优值	平均值	方差	平均迭代次数	平均时间/s
F_1	QEA	0.0103	0.0932	0.0049	8	1.2133
	PQEA	0.0003	0.0040	**0.0000**	97	1.4250
	NQEA	0.0086	0.1102	0.0147	37	1.9430
	GDAA	0.0031	0.0730	0.0035	14	1.4297
	FVDAA	0.0003	0.0032	**0.0000**	106	**1.1703**
	NCPQEA	**0.0000**	**0.0027**	0.0000	108	2.5313

续表

函数	算法	最优值	平均值	方差	平均迭代次数	平均时间/s
F_2	QEA	0.0204	0.1721	0.0139	84	**1.1477**
	PQEA	0.0860	0.1760	0.0036	84	1.1750
	NQEA	0.0739	0.3183	0.0506	78	1.8805
	GDAA	**0.0000**	**0.0127**	**0.0001**	78	1.1586
	FVDAA	0.0595	0.1732	0.0048	102	1.1695
	NCPQEA	0.0007	0.1106	0.0066	**66**	1.9164
F_3	QEA	3.0089	3.6890	0.5170	**28**	1.2000
	PQEA	3.0015	3.1217	0.0143	93	**1.1750**
	NQEA	3.2549	5.1250	1.9816	38	1.9609
	GDAA	**3.0000**	3.0546	0.0088	150	1.5938
	FVDAA	**3.0000**	3.0263	0.0022	153	1.4039
	NCPQEA	**3.0000**	**3.0251**	**0.0009**	55	1.9406
F_4	QEA	0.0027	0.0187	0.0002	87	1.1930
	PQEA	**0.0000**	0.0160	0.0001	101	**0.9930**
	NQEA	0.0099	0.0493	0.0010	87	1.8586
	GDAA	**0.0000**	0.0174	0.0005	**56**	1.3805
	FVDAA	0.0098	0.0206	0.0001	88	1.0328
	NCPQEA	0.0024	**0.0122**	**0.0000**	102	2.1305
F_5	QEA	**−2.0626**	−2.0623	**0.0000**	85	1.2016
	PQEA	**−2.0626**	**−2.0624**	**0.0000**	**60**	1.3016
	NQEA	**−2.0626**	−2.0619	**0.0000**	76	1.9188
	GDAA	**−2.0626**	−2.0622	**0.0000**	79	1.3016
	FVDAA	**−2.0626**	**−2.0624**	**0.0000**	95	**0.9242**
	NCPQEA	**−2.0626**	**−2.0624**	**0.0000**	99	2.1492
F_6	QEA	−0.9930	−0.9401	**0.0002**	91	**1.1672**
	PQEA	−0.9996	−0.9527	0.0005	111	1.2695
	NQEA	−0.9939	−0.9413	0.0003	82	1.7320
	GDAA	**−1.0000**	−0.9394	**0.0002**	45	1.4508
	FVDAA	**−1.0000**	−0.9862	0.0007	168	1.3102
	NCPQEA	**−1.0000**	**−0.9919**	0.0003	**39**	2.0625
F_7	QEA	−19.2062	−19.1831	0.0006	79	1.3047
	PQEA	−19.2078	−19.1818	0.0004	83	**1.2539**
	NQEA	−19.2083	−19.1596	0.0028	90	2.2258
	GDAA	**−19.2085**	−19.1990	0.0003	**56**	1.3781
	FVDAA	**−19.2085**	**−19.2041**	0.0002	176	1.3148
	NCPQEA	−19.2080	−19.1951	**0.0001**	83	2.2781

续表

函数	算法	最优值	平均值	方差	平均迭代次数	平均时间/s
F_8	QEA	0.0836	0.6304	0.1946	6	1.3664
	PQEA	0.0147	0.1015	**0.0028**	109	1.3641
	NQEA	0.0734	0.8751	0.4624	16	2.1656
	GDAA	0.2668	1.0112	0.1693	**4**	1.4688
	FVDAA	0.0080	0.1089	0.0059	91	**1.2570**
	NCPQEA	**0.0022**	**0.0959**	0.0049	105	2.2680

　　从表 7.8 的实验结果可知，NCPQEA 用于求解标准测试函数，5 个标准测试函数获得了最优化值，6 个标准测试函数获得了最好的平均值，5 个测试函数获得的方差最小，因此与其他量子进化算法相比较，NCPQEA 具有较明显的优化能力和良好的稳定性。从运算时间上看，4 个算法运行时间都较短，尤其是 PQEA 和 FVDAA 算法运行时间短、收敛速度快。对于依赖于迭代的动态角取值方式和与函数值相关的动态角取值方式来说，对所求解的函数有一定的局限性，并不能在所有的标准测试函数中表现良好，甚至可能会出现收敛不到的最优值或近似最优值，且在量子旋转门的旋转角度确定上所需参数更多。因此，从整体上来看，NCPQEA 表现出较好的收敛速度和全局寻优能力。

　　几种算法在求解标准测试函数中的迭代寻优对比曲线，如图 7.9～图 7.16 所示。

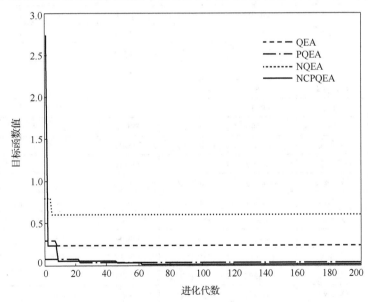

图 7.9　Dejong(F_1) 函数

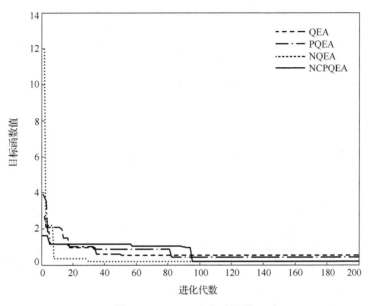

图 7.10　Griewank (F_2) 函数

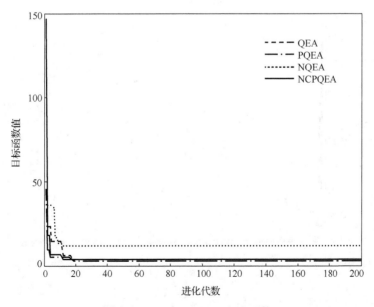

图 7.11　Goldstein-Price (F_3) 函数

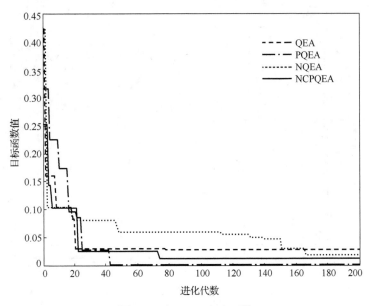

图 7.12 Schaffer (F_4) 函数

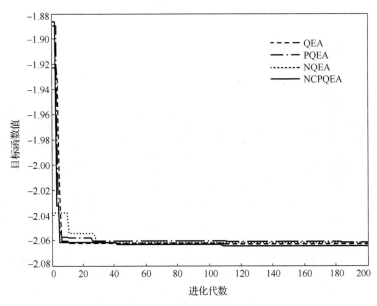

图 7.13 Cross-in-tray (F_5) 函数

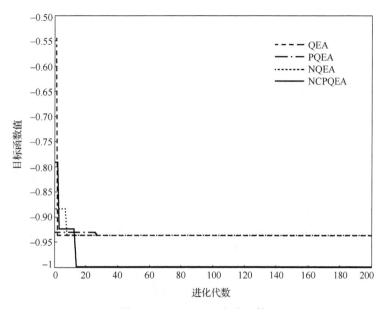

图 7.14　Drop-wave(F_6)函数

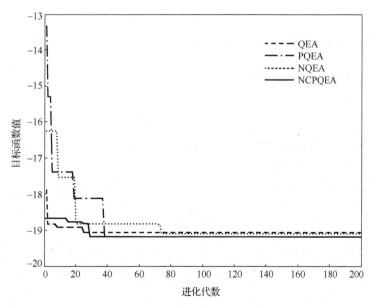

图 7.15　Holder table(F_7)函数

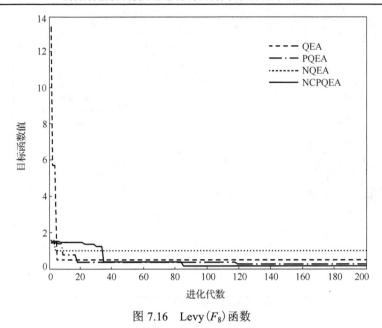

图 7.16　Levy(F_8) 函数

7.6　机场停机位分配多目标优化模型的建立

7.6.1　优化目标函数的构建

1) 各停机位空闲时间最均衡

$$F_1 = \min\left(\sum_{i=1}^{n}\sum_{j=1}^{m}S_{ij}^2 + \sum_{j=1}^{m}\text{SS}_j^2\right) \tag{7.15}$$

其中，S_{ij} 为航班 i 到达停机位 j 时此停机位的空闲时间；SS_j 表示完成所有服务后的停机位空闲时间。

2) 旅客总行走距离之和最短

$$F_2 = \min\sum_{i=1}^{n}\sum_{j=1}^{m}q_{ij}f_jy_{ij} \tag{7.16}$$

其中，q_{ij} 是指被分配到停机位 j 上的航班 i 中的旅客人数；f_j 是指旅客到达停机位 j 所需步行的距离；y_{ij} 为航班 i 被分配到停机位 j，它是 0-1 变量；i 表示航班，j 表示停机位。

3) 大型停机位最充分利用

$$F_3 = \min\sum_{i=1}^{n}\sum_{j=1}^{m}w_{ij} \tag{7.17}$$

其中，w_{ij} 表示航班大小和停机位大小的匹配情况。仅当航班 i 停放到停机位 j，且航班 i 的大小和停机位 j 的大小相匹配时，w_{ij} 值为 0，否则为 1。

7.6.2　多目标优化模型的无量化

采用 3.3.2 节的多目标优化模型无量化处理方法，处理构建的机场停机位分配多目标优化模型，获得机场停机位分配优化目标函数，可表示为：

$$F = \frac{W_1}{F_1^0}\left[\sum_{i=1}^{n}\sum_{j=1}^{m}S_{ij}^2 + \sum_{j=1}^{m}SS_j^2\right] + \frac{W_2}{F_2^0}\left[\sum_{i=1}^{n}\sum_{j=1}^{m}q_{ij}f_jy_{ij}\right] + \frac{W_3}{F_3^0}\left[\sum_{i=1}^{n}\sum_{j=1}^{m}w_{ij}\right] \tag{7.18}$$

7.7　基于 NCPQEA 的机场停机位分配优化方法

7.7.1　机场停机位分配优化方法

机场停机位分配问题是一个 NP-hard 问题，具有极其复杂的约束条件，且机场场面复杂布局、多航班、高频度、大量周转，使得传统求解方法很难找到机场停机位分配问题的最优解。而一般的智能优化算法也较难找到符合要求的机场停机位分配最优解。由于 NCPQEA 算法具有种群分散性好、全局搜索能力强、收敛速度快以及较强的记忆能力，能保持解的多样性。因此，将 NCPQEA 引入到机场停机位分配优化模型求解中，提出一种基于 NCPQEA 的机场停机位分配优化方法，以实现机场不同时段航班的停机位高效快速分配，获得满意的机场停机位分配方案[43]。

7.7.2　机场停机位分配流程

基于 NCPQEA 的机场停机位分配优化方法基本流程，如图 7.17 所示。

7.7.3　机场停机位分配步骤

基于 NCPQEA 的机场停机位分配优化方法的具体实现步骤，详细描述如下：

Step 1. 初始化 NCPQEA。采用小生境协同进化策略初始化种群，产生一个种群数量等于航班数量，并设置 NCPQEA 算法的其他所有参数。

Step 2. 对种群进行一次测量，得到二进制矩阵，每行的二进制串转化为一个十进制数，并选择十进制数作为当前航班的停机位，得到初始停机位矩阵。

Step 3. 读取停机位和航班信息，根据约束条件，消除冲突航班，调整停机位矩阵。

Step 4. 求解目标函数获得最优值，然后记录最优值和分配的停机位矩阵。

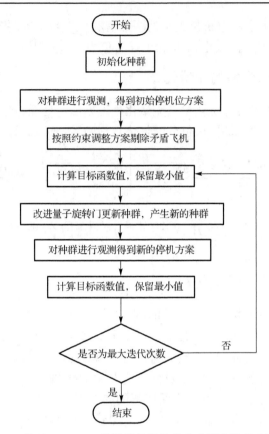

图 7.17　基于 NCPQEA 的机场停机位优化分配方法基本流程图

Step 5. 采用一种随着迭代次数改变而变化的方法来动态确定粒子群优化算法的学习因子。

Step 6. 利用改进 PSO 算法进化方程确定量子旋转门的旋转角度大小及方向，以更新种群。

Step 7. 根据限制条件取消冲突航班，以获得新的机场停机位分配方案。

Step 8. 判断是否达到最大迭代次数或者满足最小误差标准，当满足结束条件时，终止算法，输出最优停机位分配结果；否则转到 Step 4。

7.8　算　例　分　析

7.8.1　实验数据

选取广州白云机场 2015 年 7 月 26 日的 250 个航班和 30 个停机位作为实验数据来验证提出机场停机位分配方法的有效性。停机位按停靠的航班大小分为大（L）、中(M)、小(S)三种类型,航班也分为大(L)、中(M)、小(S)三种机型。大型停机位可以停靠所有机型航班,中型停机位可以停靠中、小机型航班,小型停机位只能停靠小机型航班。没有分配到停机位上的航班全部停放在停机坪远机位。机场停机位详细信息如表 7.9 所示,机场部分航班详细信息如表 7.10 所示。

表 7.9　机场停机位详细信息

停机位	旅客步行距离	停机位型号	停机位	旅客步行距离	停机位型号
1	190	M	16	115	L
2	975	M	17	215	M
3	400	L	18	535	S
4	333	M	19	1050	M
5	260	L	20	170	M
6	135	S	21	585	L
7	1100	M	22	1250	M
8	150	M	23	500	L
9	384	L	24	920	L
10	960	M	25	270	L
11	1000	S	26	230	M
12	235	L	27	265	L
13	1200	S	28	450	L
14	580	L	29	1300	M
15	440	L	30	426	L

表 7.10　机场部分航班信息

航班号	进港时间	出港时间	旅客人数	航班类型
1	2015-7-26 0:05:00	2015-7-26 5:15:00	482	L
2	2015-7-26 0:05:00	2015-7-26 5:45:00	273	M
3	2015-7-26 0:10:00	2015-7-26 5:30:00	261	M
4	2015-7-26 0:15:00	2015-7-26 5:30:00	116	M
5	2015-7-26 0:15:00	2015-7-26 5:15:00	244	M
6	2015-7-26 0:20:00	2015-7-26 5:30:00	312	L
7	2015-7-26 0:25:00	2015-7-26 5:20:00	340	L
8	2015-7-26 0:30:00	2015-7-26 6:00:00	198	M
9	2015-7-26 0:35:00	2015-7-26 6:10:00	184	M
10	2015-7-26 0:35:00	2015-7-26 6:55:00	494	L
11	2015-7-26 0:40:00	2015-7-26 6:00:00	19	S
12	2015-7-26 0:45:00	2015-7-26 6:40:00	443	L
13	2015-7-26 0:50:00	2015-7-26 6:35:00	457	L

续表

航班号	进港时间	出港时间	旅客人数	航班类型
14	2015-7-26 0:55:00	2015-7-26 6:40:00	398	L
15	2015-7-26 0:55:00	2015-7-26 6:30:00	49	S
16	2015-7-26 1:00:00	2015-7-26 6:45:00	131	M
17	2015-7-26 1:00:00	2015-7-26 7:25:00	340	L
18	2015-7-26 1:05:00	2015-7-26 6:35:00	68	S
19	2015-7-26 1:10:00	2015-7-26 6:55:00	361	L
20	2015-7-26 1:15:00	2015-7-26 7:15:00	53	S
⋮	⋮	⋮	⋮	⋮
249	2015-7-26 23:50:00	2015-07-27 01:50:00	252	S
250	2015-7-26 23:55:00	2015-07-27 9:10:00	378	M

7.8.2　实验环境与参数设置

实验环境：Intel（R）core（TM）i5-7400 CPU 3.00GHz，8GB RAM，Windows 10，MATLAB R2018a。设置 NCPQEA 量子染色体长度为 20，Q-bit 编码长度为 40，ε 约束值为 0.01π，种群规模为 250，学习因子为 $2 \cdot t/T$，最大迭代次数分别为 200 和 2000，同一停机位的两个连续航班安全间隔时间为 8 分钟。

7.8.3　实验结果与分析

采用提出的 NCPQEA 算法来求解机场停机位分配多目标优化模型，算法独立运行 20 次，迭代 200 和 2000 次所获得的停机位分配结果，如表 7.11 所示。

表 7.11　迭代 200 和 2000 次获得的停机位分配实验结果

迭代次数	目标函数最小值	目标函数平均值	分配率最大值/%	分配率平均值/%	平均迭代次数	平均运行时间/s
200	0.7254	0.7446	95.20	93.22	95	8.8352
2000	0.7204	0.7314	97.60	95.33	1387	75.2399

分别选取 20 次实验中最好的机场停机位分配结果进行讨论与分析，迭代 200 次和 2000 次所获得的停机位分配结果和甘特图，分别如表 7.12 和表 7.13 以及如图 7.18 和图 7.19 所示。

表 7.12　迭代 200 次所获得机场停机位分配结果

停机位	分配的航班号									航班数量
1	2	75	90	117	133	169	191	217	242	9
2	1	34	58	88	122	144	168	250		8
3	8	54	67	92	114	130	160	192	232	9

停机位	分配的航班号										航班数量
4	23	77	106	121	149	173	194	218			8
5	6	33	65	141	166	187	213	246			8
6	11	38	62	91	190	214	240				7
7	4	43	155	220							4
8	13	39	59	93	125	145	193	222	243		9
9	7	35	71	120	171	209	211	241			8
10	12	47	63	94	123	146	170	200	234		9
11	10	55	64	85	119	147	198	239			8
12	15	48	69	96	126	156	182	204	235		9
13	3	42	76	84	132	143	151	207	230	249	10
14	20	50	68	98	128	157	188	226			8
15	9	45	81	103	148	158	185	212	245		9
16	16	51	70	99	131	208	225				7
17	24	86	102	116	127	150	224				7
18	25	78	108	118	134	177	195	228			8
19	5	40	66	89	113	124	161	184	216		9
20	17	52	72	100	135						5
21	44	61	97	107	152	196	221				7
22	26	53	73	101	136	159	186	227			8
23	28	46	110	163	202	219	238				7
24	18	56	79	104	137	178	189	229			8
25	19	41	74	95	115	167	181	206	215		9
26	29	30	36	60	139	162	180	201	236		9
27	14	83	111	129	154	248					6
28	22	57	80	105	140	164	197	231			8
29	21	49	87	109	138	153	183	223	247		9
30	27	31	82	112	142	165	199	233			8
合计											238

表 7.13　迭代 2000 次所获得机场停机位分配结果

停机位	分配的航班号									航班数量
1	2	37	71	89	116	145	194	215	246	9

停机位	分配的航班号									航班数量
2	1	33	61	87	117	143	168	248		8
3	3	34	57	88	118	144	170	201	232	9
4	5	38	75	97	119	146	173	203	235	9
5	6	35	58	91	190	212	245			7
6	7	36	62	92	120	153	183	216	249	9
7	8	39	76	103	121	147	177	209	236	9
8	9	41	68	93	122	149	171	205	233	9
9	10	43	63	94	123	150	192	217	241	9
10	11	40	64	95	124	154	247			7
11	12	44	65	96	125	155	186	218	242	9
12	13	45	66	98	126	156	184	206	234	9
13	14	46	69	99	131	208	224			7
14	20	47	70	100	132	157	187	219	243	9
15	4	67	130	162	180	191	213	239	250	9
16	15	48	72	101	133	158	188	220		8
17	23	60	86	102	134	159	181	207	237	9
18	24	51	78	106	135					5
19	16	49	73	104	136	160	189	221		8
20	17	50	74	107	137	178	193	222	244	9
21	18	52	79	108	138	161	195	223		8
22	26	53	80	110	151	182	204	225		8
23	28	42	77	105	127	163	196	226		8
24	19	54	81	109	139	164	197	227		8
25	22	55	83	112	140	165	198	228		8
26	29	31	84	113	141	166	199	229		8
27	25	90	111	129	148	169	202	230		8
28	27	32	59	114	142	167	200	231		8
29	21	82	128	211	238					5
30	30	56	85	115	152	185	214	240		8
合计										**244**

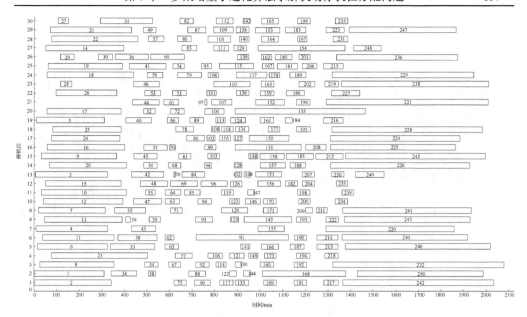

图 7.18　迭代 200 次获得的停机位分配结果甘特图

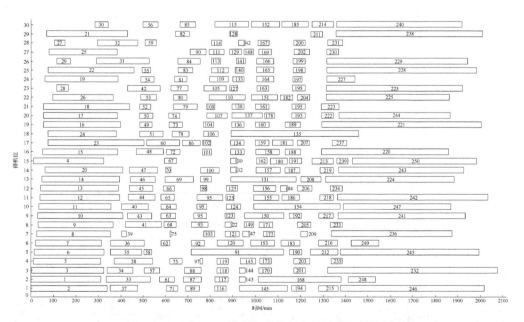

图 7.19　迭代 2000 次获得的停机位分配结果甘特图

　　为了能够更直观了解机场各个停机位的航班占用情况，各个停机位分配到的航班数量，统计结果如图 7.20 所示。

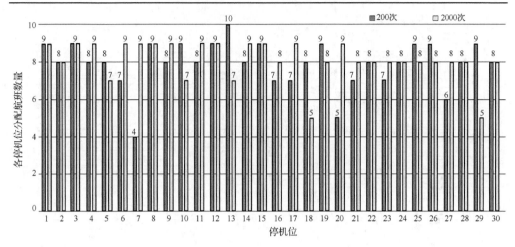

图 7.20　各停机位分配航班数量

采用提出的 NCPQEA 求解机场停机位分配目标优化模型时，迭代 200 和 2000次的最优值寻优曲线，如图 7.21 和图 7.22 所示。

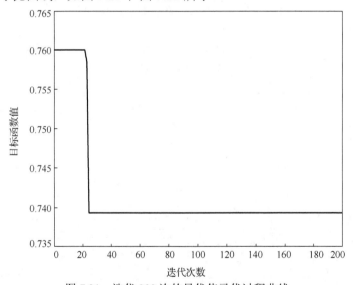

图 7.21　迭代 200 次的最优值寻优过程曲线

从表 7.11～表 7.13、图 7.18～图 7.22 可以看出，算法迭代 200 次共分配 238 个航班到 30 个停机位，12 个航班到停机坪远机位，航班分配率为 95.2%。在算法迭代 2000 次中，244 个航班分配给 30 个停机位，6 个航班分配给停机坪远机位，航班分配率为 97.6%。因此，随着迭代次数的增加，航班分配率也逐渐提高。从每个停机位分配的航班数量来看，在 200 次迭代中，7 号停机位分配到 4 个航班，20 号停机位分配到 5 个航班，27 号停机位分配到 6 个航班，6、16、17、21 和 23 号停机位

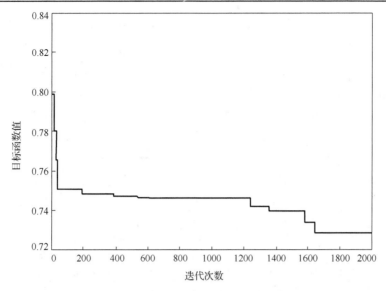

图 7.22　迭代 2000 最优值寻优过程曲线

分别分配到 7 个航班，2、4、5、9、11、14、18、22、24、28 和 30 号停机位分别分配到 8 个航班，1、3、8、10、12、15、19、25、26 和 29 号停机位分别分配到 9 个航班，13 号停机位分配到 10 个航班。在 2000 次迭代中，18 和 29 号停机位各分配到 5 个航班，5、10、13 号停机位分别分配到 7 个航班，2、16、19、21～28、30 号停机位分别分配到 8 个航班，其他 13 个停机位分别分配到 9 个航班。实验结果表明，每个停机位分配的航班数量更加均衡，每个停机位的空闲时间也更加均衡，使工作人员有足够的时间安排航班。特别是对于迭代次数较多的停机位分配结果，大多数停机位分配到的航班数基本相同，基本分配到 8 个航班或 9 个航班。因此，采用 NCPQEA 算法求解机场停机位分配多目标优化模型，可以获得较好的停机位分配结果，NCPQEA 算法表现出较好的整体优化性能。

7.8.4　结果比较与分析

为了验证 NCPQEA 算法在求解机场停机位分配问题的有效性，选取蚁群优化（ACO）算法、改进的蚁群优化（SACO）算法和量子进化算法（QEA）与之进行对比分析，采用相同的数据以及相同的参数值，迭代次数为 200 代，进行 20 次独立实验，选择最优解、航班分配率和最优值迭代次数来分析和证明方法的有效性。获得的停机位分配对比结果，如表 7.14 所示。

为了能够更直观分析机场各停机位的航班占用情况，各停机位分配到的航班数量，统计结果如图 7.23 所示。

表 7.14　对比实验结果

次数	QEA			ACO			SACO			NCPQEA		
	最优值	分配率/%	代数	最优值	分配率/%	代数	最优值	分配率/%	代数	最优值	分配率/%	代数
1	0.8881	81.20	114	0.8339	90.80	154	**0.7422**	87.50	17	0.7307	94.00	167
2	0.9006	82.40	117	0.8302	93.20	172	0.7493	76.00	174	0.7599	93.20	95
3	0.8930	82.40	84	0.8324	92.40	100	0.7460	79.00	**5**	0.7347	92.80	43
4	**0.8831**	80.80	172	0.8188	92.00	96	0.7551	79.00	87	0.7467	93.60	73
5	0.9162	82.40	195	0.8357	93.20	132	0.7462	84.00	68	0.7403	93.60	**29**
6	0.9118	83.60	162	0.8307	92.40	93	0.7471	**90.50**	139	0.7486	93.20	66
7	0.9193	84.40	93	0.8141	92.80	22	0.7477	78.50	91	0.7355	92.80	55
8	0.8974	82.40	107	**0.8021**	92.40	148	0.7423	85.50	113	0.7546	94.40	57
9	0.9118	85.20	**13**	0.8356	92.40	159	0.7553	86.00	147	0.7381	93.60	79
10	0.9090	85.20	35	0.8201	93.20	127	0.7443	78.50	131	0.7537	92.00	194
11	0.8919	85.20	80	0.8199	92.40	128	0.7425	81.00	142	0.7371	92.00	65
12	0.8895	83.60	24	0.8181	**94.00**	106	0.7455	82.50	111	0.7682	92.80	110
13	0.9012	84.80	131	0.8146	92.80	149	0.7506	78.00	135	**0.7290**	94.40	68
14	0.8833	82.00	16	0.8270	93.20	**6**	0.7468	84.50	31	0.7420	91.20	161
15	0.8958	84.40	103	0.8260	92.00	169	0.7470	76.50	176	0.7481	92.00	185
16	0.9000	84.40	102	0.8247	92.80	41	0.7543	82.50	166	0.7538	92.00	44
17	0.9078	81.60	172	0.8168	93.20	24	0.7572	78.50	84	0.7403	94.40	67
18	0.9164	84.00	190	0.8325	89.60	144	0.7553	86.00	147	0.7496	93.20	92
19	0.8978	81.60	192	0.8177	91.60	130	0.7425	81.00	142	0.7404	95.20	126
20	0.8990	**86.00**	184	0.8230	92.80	99	0.7498	87.50	113	0.7409	94.00	120
均值	0.9007	83.38	114	0.8237	92.46	110	0.7484	82.13	111	0.7446	93.22	95

　　从表 7.14 和图 7.23 停机位分配的结果可以看出，采用 ACO 算法求解机场停机位分配多目标优化模型时，获得目标函数最优值和平均最优值分别为 0.8021 和 0.8237，航班最优分配率和平均分配率分别为 94%和 92.46%，平均迭代 110 次获得最优值。采用 SACO 算法求解机场停机位分配多目标优化模型时，获得目标函数最优值和平均最优值分别为 0.7422 和 0.7484，航班最优分配率和平均分配率分别为 90.50%和 82.13%，平均迭代 111 次获得最优值。采用 QEA 算法求解机场停机位分配多目标优化模型时，获得目标函数最优值和平均最优值分别为 0.8831 和 0.9007，航班最优分配率和平均分配率分别为 86.00%和 83.38%，平均迭代 114 次获得最优值。采用 NCPQEA 算法求解机场停机位分配多目标优化模型时，获得目标函数最优值和平均最优值分别为 0.7290 和 0.7446，航班最优分配率和平均分配率分别为 95.20%和 93.22%，平均迭代 95 次获得最优值。传统 QEA 算法的航班分配率较低，而提出的 NCPQEA 算法航班分配率是四种比较算法中最好的,说明提出的 NCPQEA 算法提高了航班的分配率，即 NCPQEA 算法具有较强的全局寻优能力，能够很好地

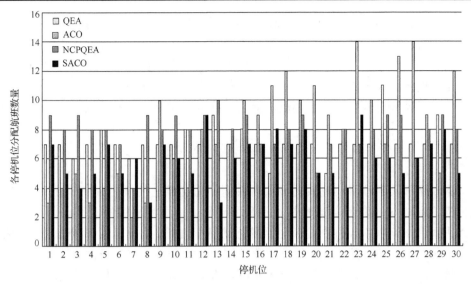

图 7.23　各停机位分配航班数量

求解机场停机位分配多目标优化模型。从 ACO 算法、QEA 算法、SACO 算法和 NCPQEA 算法寻优效率来看，SACO 算法和 QEA 算法寻优效率相近，而 NCPQEA 算法的寻优效率好于 ACO 算法，所以 NCPQEA 算法表现出较好的寻优速度。从目标函数最优值来看，NCPQEA 算法能获得了最好的最优值，说明 NCPQEA 算法具有最好的优化能力。综上所述，NCPQEA 算法在求解机场停机位分配多目标优化模型时，具有更好的寻优能力和求解效率，能有效获得理想的机场停机位分配结果。

　　ACO 算法、SACO 算法、QEA 算法和 NCPQEA 算法求解机场停机位分配多目标优化模型的最优值迭代曲线，见图 7.24 所示。

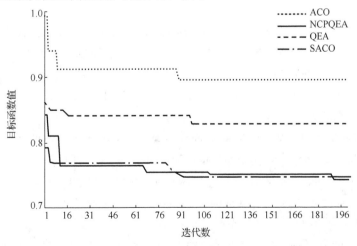

图 7.24　迭代寻优曲线对比图

从图 7.24 对比结果与分析可知，NCPQEA 算法在整体上优于 ACO 算法、SACO 算法和 QEA 算法。NCPQEA 算法用于求解机场停机位分配多目标优化模型，能获得理想的分配结果，有效提高了机场停机位的利用率，避免了机场关键资源的浪费，在一定程度上减少了航空公司和机场的运营成本，更合理地安排了机场工作人员的工作。同时减少了旅客的步行距离，提高了旅客对航空公司的满意度。

7.9　本章小结

本章首先介绍了进化算法、量子计算和量子进化算法的概述与基本原理，对量子旋转门的旋转方向和旋转角度进行了深入分析。针对量子进化算法的不足，引入小生镜协同进化策略和改进 PSO 算法到量子进化算法中，提出一种多策略量子进化算法（NCPQEA），即采用小生镜协同进化策略初始化种群，将粒子群算法进化方程嵌入到量子旋转门中，自适应确定旋转角度及方向，对粒子群优化算法进化方程的学习因子进行改进。详细介绍了 NCPQEA 的思想、算法模型以及实现步骤。建立了机场停机位分配多目标优化模型，提出了基于 NCPQEA 的机场停机位分配优化方法，给出了其流程及详细实现步骤。对标准测试函数以及 250 个航班分配给 30 个停机位的实验验证，结果表明 NCPQEA 具有较强的寻优能力和求解效率，机场停机位分配优化方法能有效获得理想的停机位分配结果，提高了机场停机位的利用率和旅客的满意度，避免了机场关键资源的浪费，在一定程度上减少了航空公司和机场的运营成本，更合理地安排了机场工作人员的工作时间。

参 考 文 献

[1]　张强, 富宇, 李盼池. 智能进化算法概述及应用[M]. 哈尔滨: 哈尔滨工业大学出版社, 2018.

[2]　曲志坚, 陈宇航, 李盘靖, 等. 基于多算子协同进化的自适应并行量子遗传算法[J]. 电子学报, 2019, 47（2）: 266-273.

[3]　钱洁, 王保华, 郑建国, 等. 多重二次背包问题的量子进化求解算法[J]. 计算机学报, 2015, 38（8）: 1518-1529.

[4]　Han D, Du W L, Du W, et al. An adaptive decomposition-based evolutionary algorithm for many-objective optimization[J]. Information Sciences, 2019, 491: 204-222.

[5]　Wang J H, Weng T Y, Zhang Q F. A two-stage multiobjective evolutionary algorithm for multiobjective multidepot vehicle routing problem with time windows[J]. IEEE Transactions on Cybernetics, 2019, 49（7）: 2467-2478.

[6]　Liu Y Q, Qin H, Zhang Z D, et al. A region search evolutionary algorithm for many-objective optimization[J]. Information Sciences, 2019, 488: 19-40.

[7] Sengupta R, Pal M, Saha S, et al. NAEMO: Neighborhood-sensitive archived evolutionary many-objective optimization algorithm[J]. Swarm and Evolutionary Computation, 2019, 46: 201-218.

[8] 郭国平, 陈昭昀, 郭光灿. 量子计算与编程入门[M]. 北京: 科学出版社, 2020.

[9] 焦李成. 量子计算、优化与学习[M]. 北京: 科学出版社, 2019.

[10] 李胜, 张培林, 李兵, 等. 基于通用量子门的量子遗传算法及应用[J]. 计算机工程与应用, 2017, 53(7): 54-59.

[11] Xiong H G, Wu Z Y, Fan H L, et al. Quantum rotation gate in quantum-inspired evolutionary algorithm: A review, analysis and comparison study[J]. Swarm and Evolutionary Computation, 2018, 42: 43-57.

[12] Han K, Kim J. Genetic quantum algorithm and its application to combinatorial optimization problem[C]. Proceedings of the 2000 IEEE Congress on Evolutionary Computation, 2000: 1354-1360.

[13] Han K, Park K, Lee C, et al. Parallel quantum-inspired genetic algorithm for combinatorial optimization problem[C]. Proceedings of the 2000 IEEE Congress on Evolutionary Computation, 2001: 1422-1429.

[14] Han K, Kim J. Quantum-inspired evolutionary algorithms with a new termination criterion [J]. IEEE Transactions on Evolutionary Computation, 2004, 8(2): 156-169.

[15] Ji B, Yuan X, Li X, et al. Application of quantum-inspired binary gravitational search algorithm for thermal unit commitment with wind power integration[J]. Energy Conversion and Management, 2014, 87(11): 589-598.

[16] Zhang G, Li N, Jin W, et al. A novel quantum genetic algorithm and its application[J]. Acta Electronica Sinica, 2004, 32(3): 476-479.

[17] Zhang G, Jin W, Hu L. Feature selection algorithm based on quantum genetic algorithm[J]. Control Theory & Applications, 2013, 22(5): 810-813, 819.

[18] Xu X, Wang S. Multi-modal function optimization based on immune quantum genetic algorithm[J]. Journal Computer Application, 2012, 32(6): 1674-1677.

[19] Vlachogiannis J, Østergaard J. Reactive power and voltage control based on general quantum genetic algorithms[J]. Expert System with Application, 2009, 36(3): 6118-6126.

[20] 王凌. 量子进化算法研究进展[J]. 控制与决策, 2008, 23(12): 1321-1326.

[21] 刘振, 胡云安, 彭军. 协同进化扩展紧致量子进化算法[J]. 控制与决策, 2014(2): 320-326.

[22] 张磊, 方洋旺, 毛东辉, 等. 一种新的相位角编码量子进化算法[J]. 控制与决策, 2015, 30(4): 729-744.

[23] 麦嘉辉, 肖人彬. 面向布局优化问题的多量子态量子进化算法及其应用[J]. 计算机应用, 2013, 33(4): 1031-1035.

[24] 刘振, 郭恒光, 李伟. 协同量子智能体进化算法及其性能分析[J]. 北京邮电大学学报, 2019, 42 (2): 120-126.

[25] Najaran M H T. How to exploit fitness landscape properties of timetabling problem: A new operator for quantum evolutionary algorithm[J]. Expert Systems with Applications, 2021, 168, 114211.

[26] Meng Y Y, Liu X Y. Quantum inspired evolutionary algorithm for community detection in complex networks[J]. Physics Letters A, 2018, 382 (34): 2305-2312.

[27] Gupta S, Mittal S, Gupta T, et al. Parallel quantum-inspired evolutionary algorithms for community detection in social networks[J]. Applied Soft Computing, 2017, 61: 331-353.

[28] Zhang Y X, Qian X Y, Wang J H, et al. Fuzzy rule-based classification system using multi-population quantum evolutionary algorithm with contradictory rule reconstruction[J]. Applied Intelligence, 2019, 49 (11): 4007-4021.

[29] 马莹, 王怀晓, 刘贺, 等. 一种新的自适应量子遗传算法研究[J]. 计算机工程与应用, 2018, 54 (20): 99-103.

[30] 刘振, 彭军, 刘勇. 小生境分布估计量子遗传算法及其仿真分析[J]. 计算机工程与科学, 2016, 38 (1): 89-94.

[31] Wu X L, Wu S M. An elitist quantum-inspired evolutionary algorithm for the flexible job-shop scheduling problem[J]. Journal of Intelligent Manufacturing, 2017, 28 (6): 1441-1457.

[32] Deng G L, Wei M, Su Q T, et al. An effective co-evolutionary quantum genetic algorithm for the no-wait flow shop scheduling problem[J]. Advances in Mechanical Engineering, 2015, 7 (12): 1-10.

[33] 陈彦龙, 张培林, 李胜, 等. 面向多峰函数的自适应小生境量子进化算法[J]. 系统工程与电子技术, 2014, 36 (2): 403-408.

[34] 冯建鑫, 王强, 王雅, 等. 基于改进量子遗传算法的超声电机模糊 PID 控制[J]. 吉林大学学报 (工学版), 2021. doi:10.13229/j.cnki.jdxbgxb20200659.

[35] 胡小祥, 刘漫丹. 一种基于浓度调节的改进型量子遗传算法[J]. 华东理工大学学报 (自然科学版), 2016, 42 (5): 690-695.

[36] 张宇献, 钱小毅, 彭辉灯, 等. 基于等位基因的实数编码量子进化算法[J]. 仪器仪表学报, 2015, 36 (9): 2129-2137.

[37] 王鹏, 杨云亭. 基于量子自由粒子模型的优化算法框架[J]. 电子学报, 2019, 48 (7): 1348-1354.

[38] Patvardhan C, Bansal S, Srivastav A. Parallel improved quantum inspired evolutionary algorithm to solve large size Quadratic Knapsack Problems[J]. Swarm and Evolutionary Computation, 2016, 26: 175-190.

[39] Che A, Wu P, Chu F, et al. Improved quantum-inspired evolutionary algorithm for large-size lane

reservation[J]. IEEE Transactions on Systems, Man, Cybernetics-Systems, 2015, 45(12): 1535-1548.

[40] Vianna N, Julio X, de Andrade B, et al. Improved quantum-inspired evolutionary algorithm with diversity information applied to economic dispatch problem with prohibited operating zones[J]. Energy Conversion and Management, 2011, 52(1): 8-14.

[41] Deng W, Xu J J, Zhao H M, et al. A novel gate resource allocation method using improved PSO-based QEA. IEEE Transactions on Intelligent Transportation Systems, 2020, Doi: 10. 1109/TITS. 2020. 3025796.

[42] 邓武, 赵慧敏, 徐俊洁. 一种基于时空间维度分解的机场停机位快速调度方法[P]. 中国 201910561729. 9. 2019-09-29.

[43] 王丹琴. 改进的量子进化算法及其在优化问题中的应用[D]. 大连: 大连交通大学, 2019.

第 8 章　两阶段优化算法求解机场延误航班停机位分配问题

随着社会对航空运输需求的不断增加，飞机调控的难度与日俱增。飞机机械故障、流量控制、天气原因等各种不确定性扰动原因，造成航班不正常现象频发，导致机场延误航班停机位的分配可能与其他航班停机位分配发生冲突，给机场、航空公司和旅客造成经济损失，因此对机场延误航班停机位再分配问题进行深入研究，提出机场延误航班停机位再分配方法，减少机场、航空公司和旅客的延误损失，具有重要的理论意义和实际应用价值。

8.1　遗　传　算　法

8.1.1　遗传算法概述

遗传算法是基于自然选择思想和生物遗传理论的自适应随机迭代搜索方法，以随机产生的一群候选解为初始群体，对群体中的每一个体进行编码，以字符串形式表示，然后根据对个体的适应度随机选择双亲，并对个体进行选择、交叉和变异等操作，产生新的个体，组成新的种群[1-3]。不断重复上述步骤，使问题的解逐步向最优方向进化，直到得出在全局范围内具有较好适应值的解。

8.1.2　遗传算法原理

基本遗传算法(simple genetic algorithm，SGA)被定为一个 8 元组：

$$SGA = (C, E, P_0, N, \phi, \Gamma, \Psi, T) \tag{8.1}$$

其中，C 是个体编码方法；E 是个体适应度评价函数 $f(x)$；P_0 是初始种群；N 是群体规模；ϕ 是选择算子；Γ 是交叉算子；Ψ 是变异算子；T 是遗传算法终止条件。

遗传算法的实现步骤，描述如下：

Step 1. 初始化规模为 N 的群体，其中染色体每个基因的值采用随机数产生器生成并满足问题定义的范围。当前进化代数 Generation $= 0$。

Step 2. 采用适应度评价函数对群体中所有染色体进行评价，分别计算每个染色体的适应度值，保存适应度值最大的染色体 Best。

Step 3. 采用轮盘赌选择对种群的染色体进行选择操作，产生规模同样为 N 的种群。

Step 4. 按照交叉概率 P_c 从种群中选择染色体进行交叉操作。每两个进行交叉操作的父代染色体交换部分基因，产生两个新的子代染色体，子代染色体取代父代染色体进入新种群。没有进行交叉操作的染色体直接复制进入新种群。

Step 5. 按照变异概率 P_m 对新种群中染色体的基因进行变异操作，进行变异操作的基因数值发生改变。变异操作后的染色体取代原有染色体进入新群体，没有进行变异操作的染色体直接进入新群体。

Step 6. 变异操作后的新群体取代原有群体，重新计算群体中各个染色体的适应度值。若群体的最大适应度值大于 Best 的适应度值，则以该最大适应度值对应的染色体替代 Best。

Step 7. 当前进化代数 NC=NC+1。如果 NC 达到最大进化代数或 Best 满足最小误差要求，算法结束；否则转回 Step 3。

遗传算法流程图如图 8.1 所示。

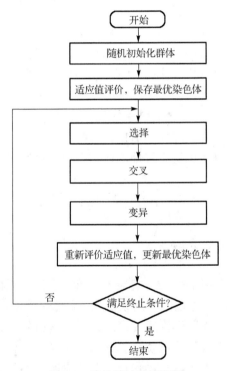

图 8.1　遗传算法的流程图

8.1.3 算法定理及其收敛性

Holland 教授提出的模式定理 (schema theorem) 及隐含并行性 (implicit parallelism) 试图对遗传算法及其运行机理进行理论方面的分析，以便更好理解和掌握遗传算法的进化本质[4,5]。

定义 8.1　模式(Schema)是基于字符集{*, 0, 1}所产生的能描述具有某些结构相似性的字符串，用 H 表示。符号"*"称作通配符，既可以代表"0"，也可以代表"1"。如模式**101描述了所有在基因位 3 和基因位 5 上为 1、基因位 4 为 0 的字符串，该模式包含的 4 个样本分别为 { 00101, 01101, 10101, 11101 }。

定义 8.2　模式 H 中确定基因值的位置数目称为该模式的阶(schema order)，记作 $O(H)$。

8.1.4　遗传算法的优缺点

遗传算法作为一种进化算法，有着鲜明的优点：

(1)遗传算法使用适应度评价函数的取值信息，具有很强的通用性。

(2)遗传算法使用概率机制选择待操作的个体，具有很强的随机性。

(3)遗传算法易与其他算法结合，具有良好的可扩展性。

虽然遗传算法有很多优点，但也存在着一些不足，主要表现在：

(1)遗传算法需要对问题进行编码及解码，增加编程难度。

(2)遗传算法没能及时利用反馈信息从而正向传播，到了算法后期求解效率大幅度下降。

(3)遗传算法求解多目标函数时，求解能力大大降低。

综上所述，由于遗传算法迭代到后期时求解效率下降等缺点，所以需要对遗传算法进行有效的改进，以便更快更好地收敛到全局最优解。

8.2　两阶段优化算法

8.2.1　两阶段优化算法思想

遗传算法具有快速随机的全局搜索能力，用于求解大规模优化问题具有一定的优势，但是它没有及时利用算法中的反馈信息，到算法后期，做了大量的冗余迭代，导致算法效率下降[6]。蚁群优化算法具有信息正反馈和分布式并行全局搜索能力，但其初期信息素匮乏，会导致蚁群优化算法求解速度过慢。如果既能发挥遗传算法和蚁群优化算法在寻优搜索中各自的优点，又能克服二者的缺点，则可以既保证解的质量又节省不必要的求解时间。因此，为了充分利用遗传算法和蚁群优化算法的各自优势，将遗传算法和蚁群优化算法相结合，提出一种基于遗传算法和蚁群优化算法的两阶段优化算法，命名 GA-ACO[7]。该 GA-ACO 两阶段优化算法分为两个阶段：第一阶段，基于改进的遗传算法，构造具有自适应变化能力的交叉操作和变异操作，并且设定一个阈值，当遗传算法连续三代进化率都小于阈值，提前结束第一

阶段；第二阶段，基于改进的蚁群优化算法，首先将第一阶段的最优解转化为第二
阶段蚁群优化算法的初始信息素分布，并设定信息素的最大值与最小值，避免各节
点信息素差值过大，导致蚁群优化算法陷入局部最优。GA-ACO 两阶段优化算法可
以在时间效率上优于蚁群优化算法，精度效率上优于遗传算法，是一种优势互补的
优化算法。

8.2.2　两阶段优化算法流程

基于遗传算法和蚁群优化算法的 GA-ACO 两阶段优化算法流程，如图 8.2 所示。

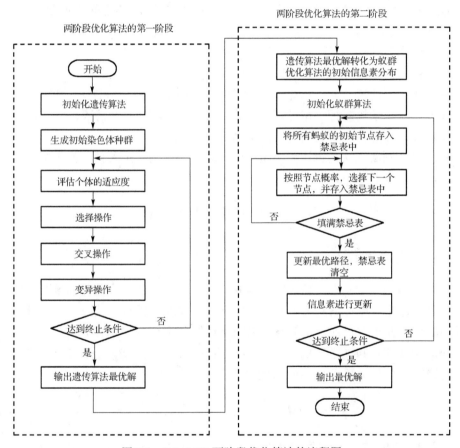

图 8.2　GA-ACO 两阶段优化算法的流程图

8.2.3　两阶段优化算法步骤

基于遗传算法和蚁群优化算法的 GA-ACO 两阶段优化算法的具体实现步骤，详
细描述如下：

Step 1. 针对待求解问题，初始化遗传算法的参数。

Step 2. 随机生成遗传算法的初始种群。

Step 3. 评估初始种群的个体适应度值，并将适应度值高的个体们直接保存到下一代种群。

Step 4. 根据自适应交叉因子和变异因子对选择操作保存下来的个体进行交叉、变异操作，生成的新个体也保存到下一代种群。

Step 5. 判断遗传算法是否连续三代进化率都小于阈值或者迭代次数是否达到最大值，如果是转到 Step 6，否则转到 Step 3。

Step 6. 根据遗传算法求得近似最优解，转换成蚁群优化算法的初始信息素分布。

Step 7. 蚁群优化算法的参数初始化。

Step 8. 将所有蚂蚁的初始解点放入禁忌表中。

Step 9. 蚂蚁根据蚁群概率公式选取下一个节点，并存入禁忌表中。

Step 10. 判断禁忌表是否填满，如果禁忌表填满，转到 Step 11，否则转到 Step 9。

Step 11. 记录蚂蚁行走路径，并计算目标函数值和清空禁忌表。

Step 12. 按照信息素更新方法，更新信息素。

Step 13. 判断算法是否达到终止条件，若算法达到终止条件，算法结束并输出最优解，否则转到 Step 8。

8.3　数值实验与分析

8.3.1　TSP 问题描述

TSP 问题是一个具有重要理论价值和广泛应用背景的组合优化问题[8]。TSP 问题可简单描述为：旅行商从某一城市出发，然后仅遍历所有的城市一次，最终回到出发的城市，要求旅行商行走的路径总距离最短。集合 N 表示 n 个城市 $c_1, c_2, \cdots, c_n$，d_{ij} 表示城市 i 和城市 j 之间的距离，再设顶点的标号为 $\{1, 2, \cdots, n\}$ 的一个排列 u 为 TSP 问题的一个最优解，则 $f(u)$ 可定义为：

$$f(u) = \sum_{i=1}^{n-1} d_{u(i)u(i+1)} + d_{u(n)u(1)} \tag{8.2}$$

一般地，TSP 的数学模型描述为：

$$\min z = \sum_{i=j} d_{ij} x_{ij} \tag{8.3}$$

其中，约束条件为：

$$x_{ij} = \begin{cases} 1, & \text{边} A_{ij} \text{在回路上} \\ 0, & \text{否则} \end{cases} \tag{8.4}$$

$$\sum_{i=1}^{n} x_{ij} = 1, \quad j \in N \tag{8.5}$$

$$\sum_{j=1}^{n} x_{ij} = 1, \quad i \in N \tag{8.6}$$

$$\sum_{i \in N} \sum_{j \in N} x_{ij} \leqslant |S| - 1, \quad \forall S \in V, 2 \leqslant |S| \leqslant n-1 \tag{8.7}$$

8.3.2　实验环境与参数设置

实验环境选择：Intel Core i3-4005U 1.70GHz CPU，12GB RAM，Windows 10，MATLAB R2016a。

对 GA-ACO 两阶段优化算法的相关参数，其中遗传算法的参数设置如下：$n=100, C=200, P_c=0.9, P_m=0.2$，这里 n 代表种群规模，P_c 为交叉概率，P_m 为变异概率，C 为遗传算法迭代次数。另外，蚁群优化算法的参数设置如下：$m=50, \alpha=1, \beta=5, \rho=0.2, Q=1000, NC_{max}=200$。这里 m 代表蚂蚁种群规模，α 为信息素启发因子，β 为期望值启发因子，ρ 为信息素挥发系数，Q 为信息素总量，NC_{max} 为蚁群算法迭代次数[9]。

8.3.3　实验结果与分析

分别将遗传算法、蚁群优化算法和两阶段优化算法用于求解 TSP，并且每种算法独立运行 20 次。TSP 标准实例来自于仿真数据集 TSPLIB，对三种算法的实验结果进行对比分析。三种算法求解 TSP 问题的实验比较结果，如表 8.1 所示：

表 8.1　三种算法求解 TSP 的比较结果

实例	chn31			ulysses22			rand100		
算法	GA	ACO	GA-ACO	GA	ACO	GA-ACO	GA	ACO	GA-ACO
最大值	19597.6	15818.1	15883.6	95.71	76.62	76.61	22555.5	9185.1	8963.5
最优值	16425.5	15601.9	15601.9	75.65	76.06	75.31	18849.3	8850.7	8450.1
方差	830.1	48.4	84.4	7.03	0.19	0.32	940.6	113.3	123.9
平均值	18231.8	15612.5	15650.6	81.24	76.36	76.03	20817.2	9010.9	8754.2
平均迭代	120.1	82.8	79.4	115.46	94.82	88.25	145.3	132.5	110.3
平均时间/s	88.8	842.5	862.8	84.4	625.41	604.98	134.1	3234.6	3412.8

从表 8.1 可以看出，GA-ACO 两阶段优化算法求解 3 种不同规模的 TSP 问题，获得的最优值分别为 15601.9、75.31 和 8450.1，均分别优于遗传算法和蚁群优化算法所获得的最优值，这表明 GA-ACO 两阶段优化算法具有更好的全局搜索能力。另外 GA-ACO 两阶段优化算法求解 TSP 的平均迭代次数分别为 79.4、88.25 和 110.3，

均少于遗传算法和蚁群优化算法求解 TSP 的平均迭代次数，这表明 GA-ACO 两阶段优化算法具有更好的收敛性，它弥补了蚁群优化算法初期运行速度慢的缺点，也证明了将遗传算法的较优解作为蚁群优化算法的初始信息素分布，可以加快算法的收敛速度，同时也弥补了遗传算法在后期搜索效率低的缺点。因此，GA-ACO 两阶段优化算法是一种确实有效的智能优化算法。

GA-ACO 两阶段优化算法求解 TSP 问题的优化路径，如图 8.3～图 8.5 所示。

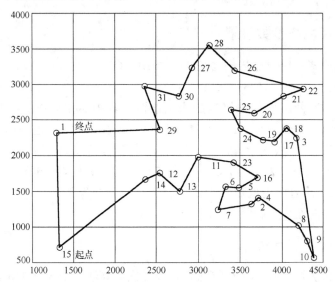

图 8.3　GA-ACO 两阶段优化算法求解 chn31 的优化路径图

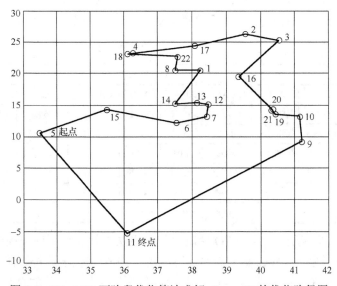

图 8.4　GA-ACO 两阶段优化算法求解 ulysses22 的优化路径图

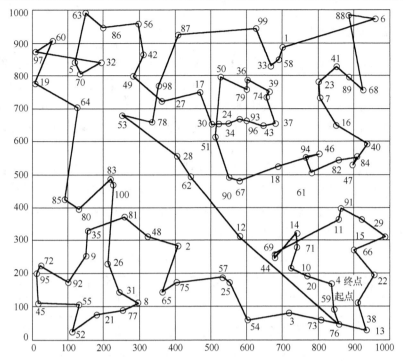

图 8.5　GA-ACO 两阶段优化算法求解 rand100 的优化路径图

8.4　延误航班停机位再分配优化模型的建立

随着我国社会经济的快速发展，民航业的发展也蒸蒸日上，在全国各地大型枢纽机场航班不断增多、旅客吞吐量屡创新高的同时，给各大机场的航班保障能力带来严峻的考验[10]。2018 年，民航局、各地区管理局、民航局消费者事务中心和中国航空运输协会共受理航空消费者投诉 20761 件[11]。在民航消费投诉案中，从消费者旅客投诉的情况来看大多数投诉都与航班延误有关，引起的纠纷最为突出，经常发生旅客群体性闹事，霸占值机柜台拒绝登机甚至冲入跑道等恶劣事件，严重影响了航空公司和机场等部门的正常运行。机场停机位是过站航班在地面停靠的场所，合理化的分配停机位是保障机场地面各项工作顺利的前提，更是机场整体保障能力的重要体现[12]。因此，研究延误航班的停机位再分配问题，不仅可以降低机场的运营成本，还能减少航空公司的油耗损失和旅客的延误损失，在机场实际的运营中有着重要的现实意义和广泛的应用前景。

因此，首先分析航班延误和停机位再分配问题，然后结合机场的实际运行要求，综合考虑机场、航空公司和旅客因航班延误造成的损失加权和最小与航班扰动值最小作为优化目标函数，建立机场延误航班停机位再分配优化模型。

8.4.1　航班延误分析

目前造成航班延误有多方面的原因，根据中国民用航空局下发的《民航航班正常统计办法》可将延误原因分为天气、航空公司、军事活动、航班时刻安排、机场、旅客等共 12 大类。这里主要将延误原因分为航空公司原因造成的航班延误和非航空公司原因造成的航班延误两类。航空公司造成的航班延误主要包括：公司计划、空勤人员和其他航空公司等原因；非航空公司造成的航班延误主要包括：天气、航空管制、机场保障和旅客自身等原因[12-15]。根据中国民航总局《2016 年民航行业发展统计公报》中航班正常率的统计数据为例，2016 年，全国客运航空公司共执行航班367.9 万班次，其中正常航班 282.4 万班次，平均航班正常率为 76.76%。2016 年航班不正常原因分类统计，如表 8.2 所示。

表 8.2　2016 年航班不正常原因分类统计表

指标	占全部比例/%	比上年相比增减百分点/%
航空公司原因	9.54	−9.56
空管原因	8.24	−22.44
天气原因	56.52	22.99
其他原因	25.70	5.01

从表 8.2 可以看出，天气原因是造成航班延误的最主要原因，其次是航空公司原因和空管原因。而天气原因造成的航班延误是不可控的，所以可以从航空公司原因和空管原因方面研究来减少机场航班延误。

8.4.2　停机位再分配描述与分析

关于机场停机位的分配问题，是一种属于有限制因素的资源配置问题。具体表现为给进港的航班分配合适停机位的同时也需要满足一定的约束条件，最终达到保障进出港航班运行正常的目的[16-18]。在机场地面运行中，核心的一项任务就是停机位的分配。因此，建立一个符合我国实际需求的延误航班停机位再分配模型，以航班分配扰动值最小化和航空公司、机场、旅客损失最小化为优化目标，从而更好地响应机场"以人为本"的经营服务理念，达到机场高效率运营的目的[19-25]。

假设某大型机场有 m 个停机位供计划航班停靠，停机位的集合为 $J=\{j\,|\,j=1,2,\cdots,m\}$，在一天时间内，机场共有 n 个航班，航班的集合为 $I=\{i\,|\,i=1,2,\cdots,n\}$，航班的预计进离港时间分别用 A_i 和 D_i 表示，航班的实际进离港时间分别用 RA_i 和 RD_i 表示，航班的预分配停机位用 pd_i 表示，航班延误后再分配停机位用 zd_i。

模型的参数描述：

m：表示航班可停靠的停机位数；

n：表示一天内的航班数；

A_i：表示航班 i 的预计进港时间；

D_i：表示航班 i 的预计离港时间；

RA_i：表示航班 i 的实际进港时间；

RD_i：表示航班 i 的实际离港时间；

$K1_j$：表示停机位 j 的开始空闲时间；

$K2_j$：表示停机位 j 的结束空闲时间；

PT_i：表示航班 i 的机型，表示方法为：

$$PT_i = \begin{cases} 1, & \text{航班} i \text{为小型飞机} \\ 2, & \text{航班} i \text{为中型飞机} \\ 3, & \text{航班} i \text{为大型飞机} \end{cases} \tag{8.8}$$

GT_j：表示停机位 j 的类型，表示方法为：

$$GT_j = \begin{cases} 1, & \text{停机位} j \text{为小型停机位} \\ 2, & \text{停机位} j \text{为中型停机位} \\ 3, & \text{停机位} j \text{为大型停机位} \end{cases} \tag{8.9}$$

TD_{max}：表示航班 i 的延误最长时间；

$people_i$：表示航班 i 的旅客人数；

T_{min}：表示停靠在同一机位的紧邻航班最小安全时间间隔；

P_i：表示航班 i 的票价；

w_1、w_2、w_3：分别为航班动态调整时对旅客、机场、航空公司的权重；

g_i：表示航班 i 单位时间的延误损失，g_i 为条件变量，表示为：

$$g_i = \begin{cases} 70, & \text{当} i \text{是大型飞机时单位时间延误成本} \\ 50, & \text{当} i \text{是中型飞机时单位时间延误成本} \\ 30, & \text{当} i \text{是小型飞机时单位时间延误成本} \end{cases} \tag{8.10}$$

S_i：表示航班 i 的每位旅客单位时间损失成本；

C_i：表示取消航班 i 的旅客增加损失成本(取消成本按照延误 8h 的延误成本计算)；

D_i：表示取消航班 i 的机场增加损失成本(取消成本按照延误 8h 的延误成本计算)；

E_i：表示取消航班 i 的航空公司增加损失成本(取消成本按照延误 8h 的延误成本计算)；

H_i：表示航班 i 的每位旅客单位时间恢复成本(包括赔偿费、安置费、转签费等)。

模型中 x_{ij}，zd_i，y_i 以及 R_{ikj} 是 0-1 变量，分别表示航班 i 是否停靠在停机位 j 上、航班 i 是否被分配到预分配停机位上、航班 i 是否被取消，两航班是否为停在同一停机位的紧邻航班，定义为：

$$x_{ij} = \begin{cases} 1, & \text{航班} i \text{实时调配后分配在停机位} j \text{上} \\ 0, & \text{否则} \end{cases} \tag{8.11}$$

$$zd_i = \begin{cases} 1, & \text{航班} i \text{被分配到预分配停机位上} \\ 0, & \text{否则} \end{cases} \tag{8.12}$$

$$y_i = \begin{cases} 1, & \text{航班} i \text{被取消} \\ 0, & \text{否则} \end{cases} \tag{8.13}$$

$$R_{ikj} = \begin{cases} 1, & \text{停在同一个停机位} j \text{上的紧邻航班} i,k \\ 0, & \text{否则} \end{cases} \tag{8.14}$$

8.4.3　优化目标函数的构建

在机场实际运营中，某些不确定的因素导致航班延误，此时机场需要迅速对后续航班进行动态调整才能够满足实际的需要[26-28]。由于航班延误涉及旅客、机场和航空公司的延误损失，所以在航班扰动最小化的前提下，应综合考虑旅客、机场和航空公司的延误损失，且在不同条件下，三方权重可能有所差别，例如当航班延误时间较长时，需要更加考虑到旅客的延误损失，将旅客权重加大等[29-34]。

延误航班停机位再分配的优化目标函数主要包括两部分。第一部分从旅客、机场和航空公司的角度，建立包括旅客延误损失、机场延误损失、航空公司延误损失在内的加权和最小化优化目标函数，可表示为：

$$\begin{aligned} f_1 = \min \sum_{i=1}^{m} \sum_{j=1}^{n} \{ & w_1 \times [\text{people}_i \times P_i \times \sqrt[3]{((\text{RA}_i - A_i) \times x_{ij} \div 60)^2} \div 29 \\ & + S_i \times \text{people}_i \times (\text{RA}_i - A_i) \times x_{ij} + C_i \times y_i] + w_2 \times [H_i \times \text{people}_i \times (\text{RA}_i - A_i) \times x_{ij} \\ & + D_i \times y_i] + w_3 \times [g_k \times (\text{RA}_i - A_i) \times x_{ij} + E_i \times y_i] \} \end{aligned} \tag{8.15}$$

第二部分以从延误航班停机位再分配问题中最重要的衡量指标即干扰值（预分配停机位与再分配机位是否相同）的角度，在保证停机位预指派基础上，最小化调整航班，以减少旅客及工作人员不必要的麻烦来满足机场实时运行的需要，这也正是停机位实时分配中最优先需要满足的条件。因此，航班扰动最小化作为优化目标函数，可表示为：

$$f_2 = \sum_{i=1}^{n} zd_i \tag{8.16}$$

8.4.4　多目标优化模型的无量化

设定权重因子 v_1 和 v_2，则该函数为 $Z = \sum_{q=1}^{2} v_q f_q$，对于 f_1 和 f_2 两个不同的优化目标函数，它们的实际优化目标函数值不容易确定并且差异可能巨大，所以很难简单通过调整权重因子来获得满意的最优可行解，因此对两个优化目标函数进行线性化处理，可表示为：

$$f_{\max 1} = \max\left\{\left|f_1\right|\right\} \text{ 且 } f_{\max 1} \neq 0 \tag{8.17}$$

$$f_{\max 2} = \max\left\{\left|f_2\right|\right\} \text{ 且 } f_{\max 2} \neq 0 \tag{8.18}$$

$$0 \leqslant v_1 \leqslant 1 \tag{8.19}$$

$$0 \leqslant v_2 \leqslant 1 \tag{8.20}$$

$$Z = \sum_{q=1}^{2} v_q f_q / f_{\max q} \tag{8.21}$$

在实际延误航班停机位再分配过程中，$f_{\max 1}$ 和 $f_{\max 2}$ 通常很难简单确定，因此采用线性化处理方法来进行处理，获得线性化后的优化目标函数为：

$$\begin{aligned}
Z' = v_1/f_{\max 1} &\times \sum_{i=1}^{m}\sum_{j=1}^{n}\{w_1 \times [\text{people}_i \times P_i \times \sqrt[3]{((\text{RA}_i - A_i) \times x_{ij} \div 60)^2} \div 29 \\
&+ S_i \times \text{people}_i \times (\text{RA}_i - A_i) \times x_{ij} + C_i \times y_i] + w_2 \times [H_i \times \text{people}_i \times (\text{RA}_i - A_i)] \\
&\times x_{ij} + D_i \times y_i] + w_3 \times [g_k \times (\text{RA}_i - A_i) \times x_{ij} + E_i \times y_i]\} + v_2/f_{\max 2} \times \sum_{i=1}^{n}\text{zd}_i
\end{aligned} \tag{8.22}$$

8.5　基于两阶段优化算法的延误航班停机位再分配方法

8.5.1　延误航班停机位再分配方法

随着社会对航空运输需求的不断增加，飞机调控的难度与日俱增。机械故障、流量控制、天气原因等各种不确定性扰动原因，造成航班不正常现象频发，导致不正常航班停机位的分配可能与其他航班停机位分配发生冲突，给机场、航空公司和旅客造成经济损失。而目前延误航班停机位再分配大多从降低燃油消耗、减少航班扰动值或者旅客步行距离最短等方面出发，仅单一考虑了机场、航空公司或者旅客的延误损失，并没有综合考虑到多方面造成的延误损失。因此，综合考虑机场、航空公司和旅客因航班延误造成的损失加权和最小化和航班扰动值最小化作为优化目标函数，构建机场延误航班停机位再分配优化模型；引入具有全局搜索能力和高求解效率的 GA-ACO 两阶段优化算法，用于求解构建的延误航班停机位再分配优化模型，提出基于 GA-ACO 两阶段优化算法的机场延误航班停机位再分配方法，有效实现机场延误航班的再次分配[35]。

8.5.2　延误航班停机位再分配流程

基于 GA-ACO 两阶段算法的机场延误航班停机位再分配方法流程，如图 8.6 所示。

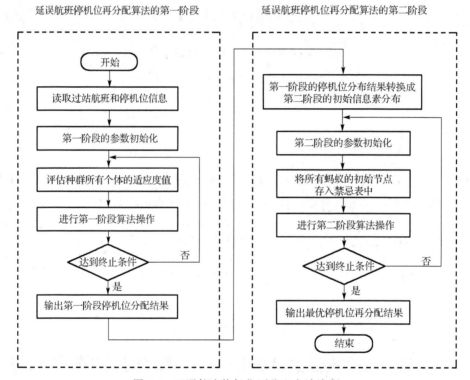

图 8.6　延误航班停机位再分配方法流程

8.6　延误航班停机位再分配实现过程

8.6.1　延误航班停机位再分配第一阶段的实现

1. 编码

为了避免二进制编码因为航班数量过多、编码复杂的问题，采用整数编码方式。具体编码详细描述如下：

为了简化问题的描述，假设有 10 个航班，以及 4 个停机位，每个航班已经按照预计进港时间的先后顺序排列，排列的序号为航班编码，停机位也按照停机位编号的大小进行排序。根据上述航班和停机位信息，以整数编码方法进行编码，如图 8.7 所示。

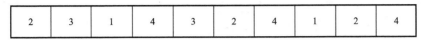

| 2 | 3 | 1 | 4 | 3 | 2 | 4 | 1 | 2 | 4 |

图 8.7　航班所停靠的停机位整数编码方式

在图 8.7 中，染色体的长度即为航班的数量，编号为 1 的航班停靠在 2 号停机位，编号为 2 的航班停靠在 3 号停机位，那么染色体上第 i 个基因的含义为第 i 个航班所停靠的停机位编号，而每个基因的取值范围为每个航班机型与停机位类型之间的约束，例如 1 号航班可选的择停机位个数是 4 个，而 2 号航班可选择的停机位个数是 3 个，依次类推。

2. 初始化种群

GA-ACO 两阶段优化算法初始可行解搜索流程，如图 8.8 所示。

在初始种群建立时加入了初始可行解替代随机生成的初始种群，保证了算法的收敛速度以及运行的速度。初始可行解的建立流程如下：

Step 1.　首先，在一天时间内，机场共有 n 个航班，航班的集合为 $I = \{i \mid i = 1, 2, \cdots, n\}$，有 m 个停机位供所有的计划航班停靠，停机位的集合为 $J = \{j \mid j = 1, 2, \cdots, m\}$。

Step 2.　计算集合 I 中每一个航班的离港时间小于近机位关闭时间的停机位，停机位集合用 C_i 表示，并设置 $i = 1$。

Step 3.　判断 C_i 是否为空，如果 C_i 为空集，转到 Step 4，否则转到 Step 9。

Step 4.　C_i 为空集说明航班无法停在近机位，那么从远机位里寻找停机位给航班停靠，计算远机位延误 8 个小时空闲出来的停机位，停机位集合用 R_i 表示。

Step 5.　判断 R_i 是否为空，如果 R_i 为空集，转到 Step 6，否则转到 Step 8。

Step 6.　R_i 为空集说明没有空闲出来的远机位，那么取消航班 i，转到 Step 14。

Step 7.　R_i 不为空集，计算当航班到港时空闲出来的远机位，停机位集合用 $R1_i$ 表示，如过 $R1_i$ 为空集，转到 Step 8，否则转到 Step 9。

Step 8.　$R1_i$ 为空集，那么从集合 R_i 中随机找到一个停机位作为航班 i 停靠的停机位，转到 Step 14。

Step 9.　$R1_i$ 不为空集，那么从集合 $R1_i$ 中随机找到一个停机位作为航班 i 停靠的停机位，转到 Step 14。

Step 10.　C_i 不为空集，说明航班离港时间小于近机位关闭时间，可以从近机位集合里寻找停靠的停机位，计算航班进港时已经空闲出来的近机位集合用U_i表示，如果U_i为空集，转到 Step 11，否则转到 Step 14。

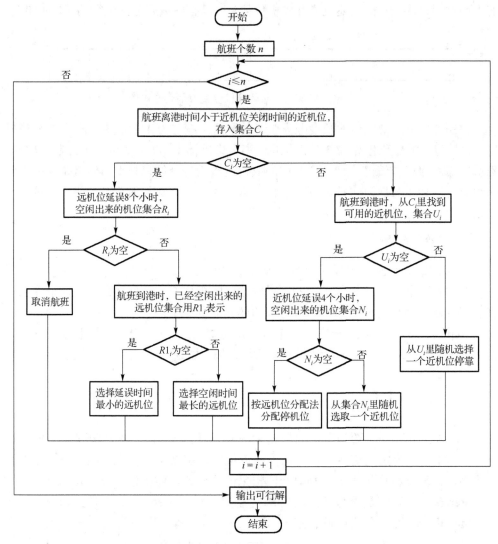

图 8.8　初始可行解搜索流程图

Step 11. U_i为空集说明航班进港时，所有近机位都没有空闲出来，那么计算航班延误 4 个小时之内，有航班空闲出来的近机位，停机位集合用 N_i 表示，如果 N_i 为空集的话，转到 Step 12，否则转到 Step 13。

Step 12. N_i 为空集，那么航班 i 停靠的停机位只能从远机位里寻找，与上述的远机位搜寻方法是一样的，转到 Step 4。

Step 13.　N_i 不为空集，那么从 N_i 里随机选取停机位给航班停靠，转到 Step 15，U_i 不为空集说明航班进港时近机位有空闲的，那么从集合 U_i 中随机找到一个停机位作为航班 i 停靠的停机位，转到 Step 14。

Step 14.　判断 $i=n$ 是否成立，如果成立，转到 Step 15，否则转到 Step 2。

Step 15.　输出可行解。

3．适应度函数

针对每一个目标函数 i，根据该目标函数值优劣进行排序，生成一个可行解的序列 $\overrightarrow{X_i}$。根据个体的排列顺序计算其适应度，较好的个体会获得更好的适应度值，更有可能被选择到下一代种群，即：

$$E_i(X_j) = \begin{cases} (m - R_i(X_j))^2, & R_i(X_j) > 1 \\ km^2, & R_i(X_j) = 1 \end{cases} \quad i = 1, 2, \cdots, n \tag{8.23}$$

$$E(X_j) = \sum_{i=1}^{n} E_i(X_j), \quad j = 1, 2, \cdots, m \tag{8.24}$$

其中，n 代表目标函数个数，m 代表个体总数，X_j 代表种群的第 j 个个体，R_i 代表在种群所有个体中对目标 i 的优劣排序后所得的序号，$E_i(X_j)$ 代表 X_j 对目标 i 所获得的适应度，$E(X_j)$ 代表 X_j 对全部目标所获得的综合适应度，k 是在[1, 2]上的随机值，以获得最优个体的适应度值。

GA-ACO 两阶段优化算法适应度计算流程，如图 8.9 所示。

GA-ACO 两阶段优化算法适应度计算过程，详细描述如下：

Step 1.　根据式(8.8)和式(8.9)，计算每个染色体第一部分目标函数值(损失值)和第二目标函数值(干扰值)，分别用集合 MO 和 AV 表示。

Step 2.　延误航班停机位再次分配的目标函数是为了求解全局最小值，所以将集合 MO 按照由小到大的顺序排序，使用适应度计算方法(损失值越小，说明个体 i 是优质个体，其适应度值就越大，反之，其适应度值也就越小)，将个体 i 的干扰适应度值存入集合 $\text{fit}1_i$ 中，置 $i=1$。

Step 3.　同理将集合 AV 按照由小到大的顺序排序，使用适应度计算方法，将个体 i 的干扰适应度值存入集合 $\text{fit}2_i$ 中。

Step 4.　判断 $i=n$ 是否成立，如果成立则转到 Step 5，否则转到 Step 2。

Step 5.　将 $\text{fit}1_i$ 和 $\text{fit}2_i$ 的适应度值相加，得到个体 i 的全部目标所得的综合适应度值，并将染色体适应度值存入 fit_i 集合。

4．选择操作

采用 De Jong 提出的"精英选择策略"，该策略的思想是把群体中适应度高的个体直接保留到下一代，避免优良的基因受到破坏。将个体按照适应度值由大到小排序，选取种群前 10% 的个体直接复制到下一代，可提高算法的收敛速度。

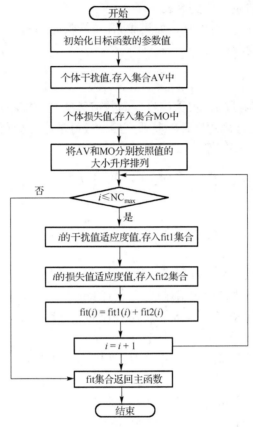

图 8.9　适应度函数值计算流程

5. 改进交叉概率

在传统遗传法中，交叉概率的取值是常数，导致遗传算法有很大的盲目性。在遗传算法初期容易收敛于局部最优，在遗传算法后期又会出现收敛速度过慢，所以引入自适应交叉概率，以保证整个种群个体的优良和加快算法的求解速度。改进的交叉概率公式，可表示为：

$$P_c = \begin{cases} \dfrac{k_1(f_{max} - f)}{(f_{max} - f_{avg})}, & f \geqslant f_{avg} \\ k_1, & f < f_{avg} \end{cases} \tag{8.25}$$

其中，f_{max} 是种群中最大的适应度值，f 是个体的适应度值，f_{avg} 是每一代种群适应度的平均值，k_1 是 $(0.5, 0.8)$ 之间的数值。

由上述公式可知，当个体的适应度值大于适应度平均值时，个体适应度值越大说明个体性能越优良，则交叉概率 P_c 越小，优良基因保存的机会也就越大；反之则相反。而交叉概率的取值上界为 k_1，保证了交叉操作的稳定性。

6. 交叉操作

交叉操作是遗传算法的核心机制之一，其主要目的是让两个待交叉染色体交换彼此的基因信息，以产生更优良的个体，并且增加了种群中个体的多样性。这里采用两点交叉法，根据改进的交叉概率 P_c，找到待交叉染色体进行配对。交叉操作描述如下：

假设：配对航班染色体 A 为：

    1   2   4   3   5   3   4   1   2

配对航班染色体 B 为：

    3   4   1   2   3   5   4   2   1

随机生成两个交叉点 A 和 B，则遗传算法的交叉运算，如图 8.10 所示：

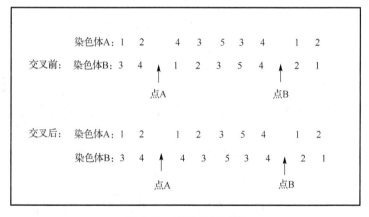

图 8.10　交叉运算过程

GA-ACO 两阶段优化算法中遗传算法的交叉操作流程，如图 8.11 所示。

GA-ACO 两阶段优化算法中遗传算法的交叉操作过程，详细描述如下：

Step 1. 根据交叉概率 P_c，求得需要交叉操作的染色体，存入集合 a_2，置 $i=1$。

Step 2. 从集合 a_2 随机选取两个染色体进行交叉操作(在染色体前后半段，随机选取两个交叉点，截取两点之间的基因片段进行交换操作)，并且将两个染色体从 a_2 中删除。

Step 3. 将新交叉的染色体存入 NZ_1 集合，并计算新染色体的延误时间。

Step 4. 判断 $i=n$ 是否成立，如果成立则转到 Step 5，否则转到 Step 2。

Step 5. 将集合 NZ_1 返回主函数。

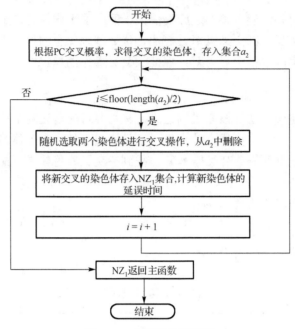

图 8.11　交叉操作流程图

7. 改进变异概率

变异概率与交叉概率的改进类似，适应度值越大的个体，它的变异概率就越小，反之，适应度值越小的个体，它的变异概率就越大，这样能增加保留较好个体的可能性，使得算法趋向于最优解。改进的变异概率公式，可表示为：

$$P_v = \begin{cases} \dfrac{k_3(f_{max} - f)}{(f_{max} - f_{avg})}, & f \geqslant f_{avg} \\ k_3, & f < f_{avg} \end{cases} \tag{8.26}$$

其中，f_{max} 是种群中最大的适应度值，f 是个体的适应度值，f_{avg} 是每一代种群适应度的平均值，k_3 是 $(0.05, 0.2)$ 上的数值。

8. 变异操作

GA-ACO 两阶段优化算法中遗传算法的变异操作不同于传统遗传算法，它不仅是简单改变某位编码基因，而且还采用逆序变异方法，在染色体前后半段各选一点，将两点之间的基因段反转，具体操作描述如下：

假设：待变异染色体 A 为：

　　　　3　　2　　1　　3　　4　　5　　2　　1　　2

随机生成两个交叉点 A 和 B，则遗传算法的变异操作运算，如图 8.12 所示。

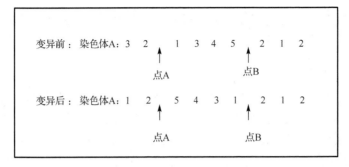

图 8.12　变异操作运算过程

GA-ACO 两阶段优化算法中遗传算法的变异操作流程，如图 8.13 所示。

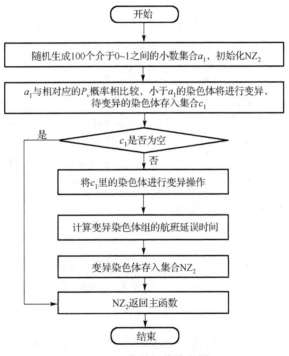

图 8.13　变异操作流程图

GA-ACO 两阶段优化算法中遗传算法的变异操作过程，详细描述如下：

Step 1.　随机生成 100 个介于 0～1 之间的小数集合 a_1，a_1 与相对应的 P_v 概率相比较，小于 a_1 的染色体将进行变异，变异染色体存入集合 c_1。

Step 2.　判断 c_1 是否为空，如果 c_1 为空集，则转到 Step 5，否则转到 Step 3。

Step 3.　c_1 不为空集，将 c_1 里的染色体进行变异操作，变异后的染色体存入 NZ_2 中，并计算延误时间。

Step 4. 判断 $i = n$ 是否成立，如果成立则转到 Step 5，否则转到 Step 2。

Step 5. 将集合 NZ_1 返回主函数。

9. 第一阶段结束条件

GA-ACO 两阶段优化算法中遗传算法是通过设定一个固定迭代次数来控制算法的结束，但这种设定固定迭代次数的方式具有盲目性。这里设定种群最小进化率，如果子代种群的进化率连续多代小于设定最小进化率，说明 GA-ACO 两阶段优化算法的第一阶段开始进行冗余迭代，此时终止算法的第一阶段，进入算法的第二阶段，这种动态融合策略可以确保算法的第一阶段和第二阶段能在最佳时机相结合。

8.6.2 延误航班停机位再分配第二阶段的实现

将遗传算法产生的较优解转化为蚁群优化算法的初始信息素分布，是 GA-ACO 两阶段优化算法衔接的一个关键步骤，把蚁群优化算法信息素初值设定为：

$$\tau_{(i,j)}^S = \tau_{(i,j)}^C + \tau_{(i,j)}^G \tag{8.27}$$

其中，$\tau_{(i,j)}^S$ 是算法第二阶段的信息素初始值；$\tau_{(i,j)}^C$ 是路径 (i,j) 上的信息素值，根据求解问题规模而给定的一个信息素常数，在 GA-ACO 两阶段优化算法第二阶段采用最大-最小蚂蚁系统，则 $\tau_{(i,j)}^C$ 为 $T_{\min}$；$\tau_{(i,j)}^G$ 是算法第一阶段求解获得的最优解所转化的信息素值，转化方法是遍历算法第一阶段最优解的每个染色体，记录航班被分配到停机位的次数，比如 1 号航班被分配到 2 号停机位一共 3 次，那么 $\tau_{(2,3)}^G$ 的值由 0 变成 $3Q$，Q 是信息素增加的额定值。

1. 信息素初始化 τ

信息素的初始浓度是 GA-ACO 两阶段优化算法第一阶段获得的最优解转化而来，有助于蚁群优化算法从一开始就向有利的方向搜索。

2. 期望值 η

因为希望尽量减少航班的扰动，所以当航班再分配的停机位和预分配是同一个停机位时，则把期望值设定的较大（$\eta = 4$），反之如果航班再分配的停机位和预分配不是同一个停机位时，期望值设定的较小（$\eta = 2$）。

3. 信息素启发式因子

与信息素和期望值相关的还有信息素启发式因子 α 以及期望值启发式因子 β。因为希望延误航班的扰动最小，所以 β 的取值设定稍大。结合参考文献，并通过多次实验计算得出：当 $\alpha = 2$ 和 $\beta = 4$ 时，算法不仅具有很好的全局搜索能力，而且还具有较快的收敛速度。

4. 概率转移规则

在选取航班 i 停靠的停机位 j 时，蚁群优化算法采用的概率转移规则，描述如下：

$$P_{ij}^{k}(t) = \begin{cases} \dfrac{\tau^{a}(i,j)\eta^{\beta}(i,j)}{\displaystyle\sum_{s\in\text{allowed}_{k}}\tau^{a}(i,s)\eta^{\beta}(i,s)}, & j\in\text{allowed}_{k} \\ 0, & j\in\text{allowed}_{k} \end{cases} \tag{8.28}$$

其中，$\tau^{a}(i,j)$ 是信息素，α 是信息素启发因子，$\eta^{\beta}(i,j)$ 是期望值，β 是期望值启发因子。$P_{ij}^{k}(t)$ 的分子代表航班 i 选择停机位 j 的信息素信息和期望值信息的乘积，$P_{ij}^{k}(t)$ 的分母代表航班 i 可以停靠的所有停机位的信息素信息和期望值信息的乘积求和，$P_{ij}^{k}(t)$ 则表示航班 i 可以停靠的每一个停机位的概率值。

随机设定一个介于 0 到 1 之间的值，用 constQ 表示，如果航班 i 的 $P_{ij}^{k}(t)$ 都小于 constQ，那么直接选取 $P_{ij}^{k}(t)$ 的最大值，它所表示的停机位 j 作为航班 i 所停靠的停机位，反之如果有 $P_{ij}^{k}(t)$ 大于 constQ，那么根据概率转移规则 $P_{ij}^{k}(t)$ 选择航班 i 的下一个所停靠的停机位 j。

5. 求解延误航班停机位再分配过程

GA-ACO 两阶段优化算法求解延误航班停机位再分配问题的流程，如图 8.14 所示。

GA-ACO 两阶段优化算法求解延误航班停机位再分配的详细过程，描述如下：

Step 1.　在机场某一天共有 n 个航班，按照航班的计划进港时间顺序给航班排序，航班的集合为 $I=\{i\,|\,i=1,2,\cdots,n\}$，有 m 个停机位供所有的计划航班停靠，停机位的集合为 $J=\{j\,|\,j=1,2,\cdots,m\}$。

Step 2.　计算集合 I 中每一个航班的离港时间小于近机位关闭时间的停机位，停机位集合用 C_{i} 表示；设置 $i=1$。

Step 3.　判断 C_{i} 是否为空，如果 C_{i} 为空集，转到 Step 4，否则转到 Step 10。

Step 4.　C_{i} 为空集说明航班无法停在近机位，那么只能从远机位寻找停机位给航班停靠，计算远机位延误 8 个小时空闲出来的停机位，停机位集合用 R_{i} 表示。

Step 5.　判断 R_{i} 是否为空，如果 R_{i} 为空集，转到 Step 6，否则转到 Step 9。

Step 6.　R_{i} 为空集说明没有空闲出来的远机位，那么取消航班 i，转到 Step 15。

Step 7.　R_{i} 不为空集，计算当航班到港时空闲出来的远机位，停机位集合用 $R1_{i}$ 表示，如果 $R1_{i}$ 为空集，转到 Step 8，否则转到 Step 10。

Step 8.　$R1_{i}$ 为空集，那么将集合 R_{i} 的值存入集合 V_{i}，转到 Step 15。

Step 9.　$R1_{i}$ 不为空集，那么将集合 $R1_{i}$ 的值存入集合 V_{i}，转到 Step 15。

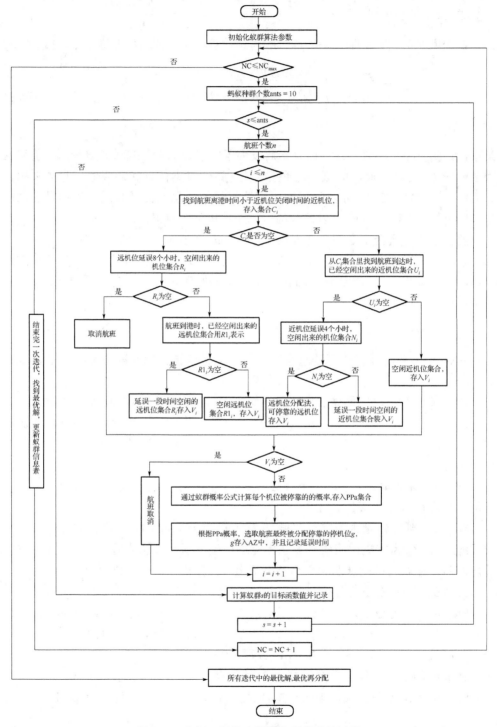

图 8.14　求解延误航班停机位再分配的过程

Step 10.　C_i 不为空集，说明航班离港时间小于近机位关闭时间，可以从近机位集合寻找停靠的停机位，计算航班进港时已经空闲出来的近机位集合用 U_i 表示，如果 U_i 为空集，转到 Step 11，否则转到 Step 14。

Step 11.　U_i 为空集说明航班进港时，所有近机位都没有空闲出来，那么计算航班延误 4 个小时之内，有航班空闲出来的近机位，停机位集合用 N_i 表示，如果 N_i 为空集的话，转到 Step 12，否则转到 Step 13。

Step 12.　N_i 为空集，那么航班 i 停靠的机位只能从远机位里寻找，与上述的远机位搜寻方法是一样的，转到 Step 4。

Step 13.　N_i 不为空集，那么将 N_i 的值存入集合 V_i，转到 Step 15。

Step 14.　U_i 不为空集说明航班进港时近机位有空闲的，那么将集合 U_i 的值存入集合 V_i，转到 Step 15。

Step 15.　集合 V_i 代表航班 i 可以停靠的停机位集合，判断 V_i 是否为空集，如果 V_i 为空集，转到 Step 16，否则转到 Step 17。

Step 16.　V_i 为空集说明航班被取消了，那么直接进行下一个航班的查询，转到 Step 2。

Step 17.　V_i 不为空集，通过蚁群概率转移公式，计算每个停机位被停靠的概率，结果存入 PPa，根据集合 PPa 选取航班最终停靠的停机位，将停机位号存入 AZ 集合。

Step 18.　判断 $i=n$ 是否成立，如果成立转到 Step 19，否则转到 Step 2。

Step 19.　输出可行解。

6.　信息素的更新

信息素的更新由蚂蚁构建解时在所经过路径上信息素的释放和信息素的挥发两部分相加而成，因此信息素更新公式，描述如下：

$$\tau_{ij} = (1-\rho)\tau_{ij} + \Delta\tau_{ij}{}^k \tag{8.29}$$

$$\Delta\tau_{ij}{}^k = Q/L_k \tag{8.30}$$

其中，ρ 是信息素挥发因子，$1-\rho$ 是信息素残留系数，$\Delta\tau_{ij}$ 是本次循环最优解中航班 i 被分配到停机位 j 的路径所增加的信息素，Q 是总信息素量，L_k 是最优解的干扰值，设定 Q 的取值与航班的总数相同，比如算法最优解的干扰值为 200，一共 500 个航班，那么本次的信息素更新 $\Delta\tau_{ij}$ 取值为 2.5。

采用全局信息素更新规则进行信息素的更新。该规则是程序迭代完一次，找到目标函数值最小的再分配方案，更新每个航班 i 和停机位 j 之间信息素。通过多次实验对比，设定 $\rho=0.2$ 时，该算法的优化性能最佳。采用最大-最小蚂蚁系统，设定了信息素的最大值和最小值，分别为 $T_{max}=12$ 和 $T_{min}=2$。如果信息素 τ_{ij} 大于 T_{max}，

那么 $\tau_{ij}=T_{max}$ ，反之如果信息素 τ_{ij} 小于 T_{min} ，那么 $\tau_{ij}=T_{min}$ ，这样就能防止信息素的差值过大，避免算法陷入早熟收敛现象。

7. 第二阶段结束条件

设定算法第二阶段最大迭代次数为 200 次，蚂蚁种群数为 10 个，每个种群的蚂蚁数量和航班总数相同，每个种群的禁忌表表示航班的停机位再分配结果，每次迭代记录最优的蚂蚁种群分配结果和最优值，选取 200 次迭代里最优的停机位再分配结果为最终结果，并且记录该分配结果的目标函数值。

8.7　实例分析

8.7.1　实验数据

以国内某大型机场为例，选取该机场的 100 个停机位和 500 个航班作为实验数据。为了在数值仿真中对日期数据和航班号读取方便，对日期数据以分钟为单位进行换算，采取编号的方式替代航班的航班号，依据某一天内所有进港航班的计划进港时间，按照由早到晚顺序给进港航班编号 $(1,2,\cdots,n)$ 。

根据实际情况当天有 147 架航班发生了延误，考虑到版面限制，这里只给出了部分航班的相关信息，如表 8.3 所示：

表 8.3　航班信息

航班编号	票价	载客人数	航班类型	航班计划进港时间	航班计划离港时间	航班实际进港时间	航班实际离港时间	预计进港延误时间/m	预分配机位
1	3565	256	M	2015-7-26 6:00:00	2015-7-26 8:20:00	2015-7-26 6:00:00	2015-7-26 8:20:00		19
2	3058	606	L	2015-7-26 6:00:00	2015-7-26 14:30:00	2015-7-26 6:00:00	2015-7-26 14:30:00		54
3	2483	298	M	2015-7-26 6:20:00	2015-7-26 8:00:00	2015-7-26 6:20:00	2015-7-26 8:00:00		17
4	1173	378	L	2015-7-26 6:55:00	2015-7-26 9:10:00	2015-7-26 6:55:00	2015-7-26 9:10:00		21
5	1248	298	M	2015-7-26 7:50:00	2015-7-27 2:50:00	2015-7-26 7:50:00	2015-7-27 2:50:00		1
6	3022	606	L	2015-7-26 7:55:00	2015-7-26 9:50:00	2015-7-26 7:55:00	2015-7-26 9:50:00		34
7	2249	378	L	2015-7-26 8:15:00	2015-7-27 3:00:00	2015-7-26 8:45:00	2015-7-27 3:00:00	30	53
8	974	312	L	2015-7-26 8:20:00	2015-7-26 9:20:00	2015-7-26 8:20:00	2015-7-26 9:20:00		37

续表

航班编号	票价	载客人数	航班类型	航班计划进港时间	航班计划离港时间	航班实际进港时间	航班实际离港时间	预计进港延误时间/m	预分配机位
9	3079	362	L	2015-7-26 8:25:00	2015-7-26 10:05:00	2015-7-26 9:00:00	2015-7-26 10:05:00	35	93
10	1248	98	S	2015-7-26 9:10:00	2015-7-26 10:10:00	2015-7-26 9:10:00	2015-7-26 10:10:00		55
⋮	⋮	⋮	⋮	⋮	⋮	⋮	⋮	⋮	⋮
500	1421	378	L	2015-7-26 23:55:00	2015-7-27 9:10:00	2015-7-26 23:55:00	2015-7-27 9:10:00		27

该机场的 100 个停机位中有 60 个停机位为近机位,而其他在停机坪的停机位均为远机位,为了简化停机位数据,把近机位表示为编号 1 号到 60 号,远机位表示为编号 61 号至 100 号,并假定远机位都为大型停机位。在 60 个近机位中,有 36 个大型停机位、22 个中型停机位和 2 个小型停机位。部分停机位的详细信息,如下表 8.4 所示。

表 8.4　停机位详细信息

编号	停机位类型	停机位属性	开放时间	关闭时间
1	L	近机位	2015-7-26 6:00	2015-7-26 23:59
2	M	近机位	2015-7-26 6:00	2015-7-26 23:59
3	L	近机位	2015-7-26 6:00	2015-7-26 23:59
4	L	近机位	2015-7-26 6:00	2015-7-26 23:59
5	L	近机位	2015-7-26 6:00	2015-7-26 23:59
6	L	近机位	2015-7-26 6:00	2015-7-26 23:59
7	L	近机位	2015-7-26 6:00	2015-7-26 23:59
8	M	近机位	2015-7-26 6:00	2015-7-26 23:59
9	M	近机位	2015-7-26 6:00	2015-7-26 23:59
10	L	近机位	2015-7-26 6:00	2015-7-26 23:59
⋮	⋮	⋮	⋮	⋮
100	L	远机位	2015-7-26 6:00	2015-7-26 23:59

8.7.2　实验环境与参数设置

实验环境:Intel Core i3-4005U 1.70GHz CPU,12GB RAM,Windows 10,MATLAB R2016a。

对 GA-ACO 两阶段优化算法的相关参数,其中遗传算法的参数设置如下:种群规模为 500,交叉概率和变异概率分别根据式(8.25)和式(8.26)确定。蚁群优化算法的参数设置如下:信息素启发因子为 2,期望值启发因子为 4,信息素挥发系数为

0.08，信息素增加量为 2，最大最小信息素分别为 8 和 1。对损失值权重 v_1 和干扰值权重 v_2 分别设定为 0.3 和 0.7，最大迭代次数为 200。

8.7.3　实验结果与分析

采用 GA-ACO 两阶段优化算法来求解延误航班停机位再分配问题，获得的停机位再分配结果，如表 8.5 所示。

表 8.5　延误航班停机位再分配结果

停机位编号	航班号													
1					424	272	320	89						
2					468	462								
3		235	496	345	367	473	310	165	329	390	372	179		
4	261	379	160	499	445	65	298	146	375	412	47	7	459	
5		41	38	49	196	96	240	366	112	446				
6		88	6	61	237	99	110	2	86	368				
7	477	336	119	457	480	395	323	419	187	434	456	137	253	43	430
8					330	181	270							
9					461	407	451							
10		400	275	115	256	54	171	16	352	104				
⋮					⋮									
100					485									

从表 8.5 可以看出，在机场延误航班停机位再分配时，500 个航班中的 419 个航班被分配到 60 个近机位，54 个航班被分配到停机坪的远机位，27 个延误航班被迫取消。机场延误航班再分配率为 94.6%，延误航班分配到近机位的再分配率为 83.8%。延误航班再分配停机位与预分配停机位比较结果，如表 8.6 所示；每个近机位所分配的航班个数，如表 8.7 所示和图 8.15 所示。

表 8.6　延误航班再分配停机位的比较结果

航班号	1	2	3	4	5	6	7	8	9	10	...	500
预分配	19	54	17	21	1	34	53	37	52	55	...	27
再分配	19	54	17	21	1	27	56	37	52	55	...	101

表 8.7　每个近机位分配到的航班个数

停机位	分配航班数	停机位	分配航班数	停机位	分配航班数
1	4	21	12	41	4

续表

停机位	分配航班数	停机位	分配航班数	停机位	分配航班数
2	2	22	12	42	4
3	11	23	3	43	5
4	13	24	9	44	9
5	9	25	11	45	4
6	9	26	3	46	7
7	15	27	9	47	8
8	3	28	3	48	6
9	3	29	4	49	5
10	9	30	6	50	8
11	17	31	4	51	6
12	10	32	5	52	2
13	12	33	3	53	7
14	9	34	6	54	11
15	6	35	3	55	3
16	8	36	8	56	7
17	8	37	7	57	4
18	9	38	4	58	2
19	11	39	7	59	10
20	5	40	6	60	9

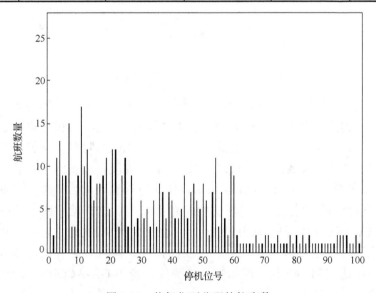

图 8.15　停机位再分配的航班数

从表 8.6、表 8.7 和图 8.15 可以看出，每个近机位都有航班重新分配，近机位的利用率达到 100%，近机位使用效益最大化，避免了机场有限资源的浪费。无论是近机位还是远机位，被分配到的航班数量差异不大，避免了停机位的过度使用，合理地使用了每个停机位的空闲时间和安排工作人员的作息时间，有效延长了停机位的使用寿命，减少了机场的延误损失。延误航班被分配到近机位的分配率为83.8%，不仅减少了旅客的行走距离和时间损失，而且还提高了机场的工作效率。同时，也提高了旅客对航空公司的满意度，让旅客有更大的可能下一次继续选择该航空公司，即降低了航空公司的延误损失。因此，基于 GA-ACO 两阶段优化算法的机场延误航班停机位再分配方法，可以同时降低机场、航空公司和旅客的延误损失，证明了 GA-ACO 两阶段优化算法的可行性与有效性。

GA-ACO 两阶段优化算法求解延误航班停机位再分配优化模型，其寻优过程，如图 8.16 所示。

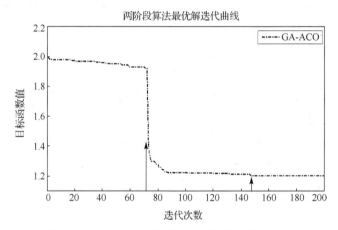

图 8.16 GA-ACO 两阶段优化算法寻优迭代曲线

从图 8.16 可以看出，在 GA-ACO 两阶段优化算法的初期，目标函数值是缓慢减小，当迭代到第一个箭头的位置时，说明 GA-ACO 两阶段优化算法的第一阶段因为连续多代进化率小于最小进化率，表明 GA-ACO 两阶段优化算法第一阶段处于冗余迭代，所以 GA-ACO 两阶段优化算法第一阶段提前被终止并且输出其最优解。从第 73 次迭代开始，GA-ACO 两阶段优化算法进入第二阶段，即根据第一阶段获得的最优解作为蚁群优化算法初始信息素分布，这样就明确了算法的搜索方向，使得 GA-ACO 两阶段优化算法第二阶段在 73 到 90 次迭代之间，快速地收敛于全局最优解，在第 100 次迭代以后，GA-ACO 两阶段优化算法的收敛速度开始减缓，最终在迭代到 147 代，即第二个箭头处，表明 GA-ACO 两阶段优化算法找到了最优解。

8.7.4　结果比较与分析

为了验证 GA-ACO 两阶段优化算法的有效性，选取了遗传算法和蚁群优化算法来求解延误航班停机位再分配问题。使用相同的数据以及相同的参数值，算法最大迭代次数为 200 次，然后每个算法独立运行 10 次，并记录每个算法求解获得的最优解和运行时间等。

GA-ACO 算法、ACO 算法和 GA 算法分别求解延误航班停机位再分配问题，10 次获得的最优解如表 8.8 和图 8.17 所示。

表 8.8　三种不同算法获得的 10 次最优解和迭代次数

算法	指标	1	2	3	4	5	6	7	8	9	10	平均值
GA	最优解	1.885	1.904	1.881	1.907	1.925	1.901	1.895	1.873	1.873	1.923	1.896
	迭代数	71	71	60	49	61	72	70	66	70	71	66.3
ACO	最优解	1.431	1.459	1.476	1.476	1.444	1.434	1.477	1.485	1.489	1.467	1.431
	迭代数	128	187	180	156	98	175	120	117	137	182	148.0
GA-ACO	最优解	1.164	1.191	1.175	1.199	1.179	1.185	1.192	1.187	1.207	1.201	1.188
	迭代数	155	137	182	89	183	110	98	163	163	153	143.3

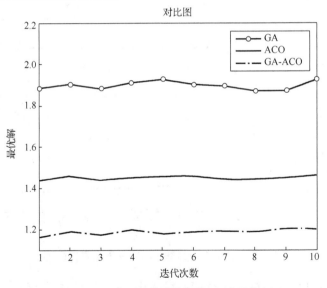

图 8.17　三种不同算法获得的 10 次最优解

从表 8.8 和图 8.17 可以看出，在最优值方面，GA-ACO 两阶段优化算法获得的最优平均值为 1.188，蚁群优化算法获得的最优平均值为 1.431 和遗传算法获得的最优平均值为 1.896，很明显可以看出 GA-ACO 两阶段优化算法获得的最优解优于其他两个比较算法获得的最优解。在获得最优值迭代次数方面，遗传算法的收敛速度最快，它的最优解迭代次数平均值为 66.3，GA-ACO 两阶段优化算法最优解迭代次数平均值为 143.3，而蚁群优化算法最优解迭代次数平均值为 148.0。表明遗传算法后期搜索能力下降，而在 GA-ACO 两阶段优化算法的第一阶段设定最小进化率控制第一阶段的终止是有效的。虽然从最优解迭代次数平均值上看 GA-ACO 两阶段优化算法只是比蚁群优化算法好，但是在 GA-ACO 两阶段优化算法中基于蚁群优化算法的第二阶段，它找到最优解的迭代次数是 GA-ACO 两阶段优化算法最优解的迭代数与 GA-ACO 两阶段优化算法第一阶段迭代总数的差值，再用第二阶段的最优解迭代数与蚁群优化算法最优解迭代次数对比，这说明 GA-ACO 两阶段优化算法的第一阶段最优解转化为第二阶段的蚁群优化算法初始信息素初始分布，可以弥补蚁群优化算法初始搜索速度慢的缺点，大幅提高蚁群优化算法的收敛速度，避免了算法时间复杂度过高，在机场延误航班停机位再分配中，能更快获得最合理的延误航班停机位再分配方案。

遗传算法、蚁群优化算法和 GA-ACO 两阶段优化算法 10 次迭代中的某一次迭代寻优结果的对比结果，如图 8.18 所示。

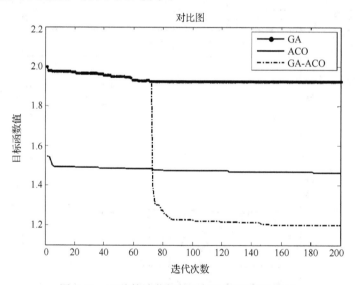

图 8.18　三种算法获得的目标函数值对比结果

从图 8.18 可以看出，GA-ACO 两阶段优化算法获得的目标函数最优值要比遗传算法和蚁群优化算法获得的目标函数最优值更小；并且 GA-ACO 两阶段优化算法是在第 147 次迭代找到延误航班再分配的最优解，而蚁群优化算法则在第 183 次迭代找到延误航班再分配的最优解，遗传算法在第 72 次迭代找到延误航班再分配的最优解。遗传算法虽然收敛速度最快，但是其目标函数最优值要比 GA-ACO 两阶段优化算法获得的目标函数最优值差很多。GA-ACO 两阶段优化算法在求解延误航班再分配问题上，虽然求解时间较多，但可以为机场、航空公司和旅客减少延误损失。因此 GA-ACO 两阶段优化算法在求解延误航班再分配问题上更优于遗传算法和蚁群优化算法。

延误航班停机位再分配优化目标函数包括延误损失值优化目标函数和干扰值优化目标函数，因此对每个单目标函数进行分析比较。采用 GA-ACO、GA 和 ACO 算法求解延误航班停机位再分配优化目标函数，获得的干扰值如表 8.9 和图 8.19 所示。

表 8.9　三种算法获得的干扰值

次数	1	2	3	4	5	6	7	8	9	10	平均值
GA	460	460	462	462	474	465	473	462	461	465	469.3
ACO	344	345	344	355	349	344	351	346	345	347	347.5
GA-ACO	204	213	215	219	219	207	214	220	216	219	218.9

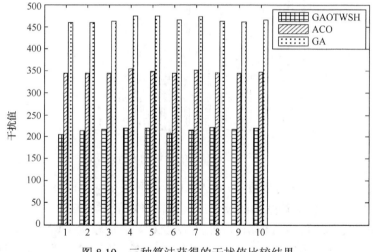

图 8.19　三种算法获得的干扰值比较结果

从表 8.8 和图 8.16 可知，GA-ACO 两阶段优化算法获得的最优干扰平均值为 218.9，遗传算法获得的最优干扰平均值为 469.3，蚁群优化算法获得的最优干扰平均值为 347.5，因此，GA-ACO 两阶段优化算法所得到的最优平均干扰值结果要远优于蚁群优化算法和遗传算法所得到的最优干扰值。由于 GA-ACO 两阶段优化算法所得到的最优干扰值比遗传算法所得到的最优平均干扰值的一半还要小，比蚁群算法所得到的最优平均干扰值也小于 130，比较结果表明使用 GA-ACO 两阶段优化算法求解延误航班停机位再分配问题，可以使延误航班的再分配扰动数量减少到 200 架左右，航班扰动数量越少，能增加机场的运营效率，减少旅客步行距离，提高旅客对机场和航空公司的满意度。

延误航班停机位再分配优化目标函数除了干扰值,还有另外一个优化目标函数即延误损失值,采用 GA-ACO、GA 和 ACO 算法求解延误航班停机位再分配优化目标函数,获得的延误损失值如表 8.10 和图 8.20 所示。

表 8.10　三种算法获得的延误损失值

算法	1	2	3	4	5	6	7	8	9	10	平均值
GA	3.849	3.848	3.839	3.785	3.891	3.881	3.796	3.859	3.833	3.715	3.939
ACO	3.046	3.046	3.046	3.046	3.046	3.046	3.046	3.046	3.046	3.046	3.046
GA-ACO	3.072	3.017	3.072	3.018	3.072	3.072	3.016	3.015	3.072	3.072	3.061

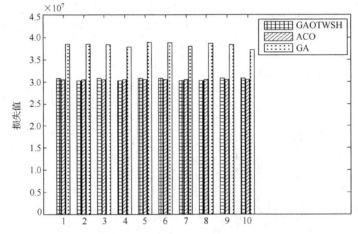

图 8.20　三种算法获得的延误损失值比较结果

从表 8.10 和图 8.20 可以看出,GA-ACO 两阶段优化算法获得的延误损失最优平均值为 3.061,遗传算法获得的延误损失最优平均值为 3.939,蚁群优化算法获得的延误损失最优平均值为 3.046,因此,GA-ACO 两阶段优化算法获得的延误损失最优平均值要小于遗传算法的延误损失最优平均值,约等于蚁群优化算法获得的延误损失最优平均值,结果表明 GA-ACO 两阶段优化算法比遗传算法和蚁群优化算法可减少了机场、旅客以及航空公司的整体延误损失,增加了旅客对机场的满意度。

采用 GA-ACO、GA 和 ACO 算法求解延误航班停机位再分配优化目标函数,独立运行 10 次所需时间如表 8.11 和图 8.21 所示。

表 8.11　三种算法求解目标函数所需的时间

算法	1/s	2/s	3/s	4/s	5/s	6/s	7/s	8/s	9/s	10/s	平均值/s
GA	134.3	129.2	127.6	126.8	127.2	127.2	128.7	128.1	127.2	126.3	128.3
ACO	164.6	166.3	164.2	174.1	162.4	162.2	163.3	169.2	162.8	164.8	165.4
GA-ACO	183.6	175.1	175.6	171.1	176.1	172.4	168.9	172.3	169.1	169.8	173.4

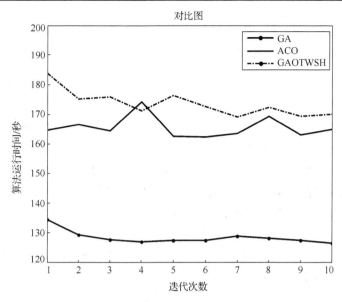

图 8.21　三种算法求解优化目标函数所需的时间比较结果

从表 8.11 和图 8.21 可以看出，遗传算法所需的平均运行时间为 128.3s，蚁群优化算法所需的平均运行时间为 165.4s，而 GA-ACO 两阶段优化算法所需的平均运行时间为 173.4s，因此 GA-ACO 两阶段优化算法所需的平均运行时间略高于蚁群优化算法，其原因主要是 GA-ACO 两阶段优化算法第一阶段可能很早就找到了最优解，例如 GA-ACO 两阶段优化算法运行到第 49 次迭代，第一阶段因为连续多次迭代进化率小于最小进化率而提前终止，那么第二阶段就要运行 151 次，并且当 GA-ACO 两阶段优化算法从第一阶段进入第二阶段，还需要将第一阶段最优解转化为第二阶段蚁群优化算法初始信息素的分布，所以 GA-ACO 两阶段优化算法的运行时间稍多。但 GA-ACO 两阶段优化算法比蚁群优化算法平均多运行约 8 秒，却可降低航班延误对机场、航空公司和旅客的延误损失。

综上所述，通过将 GA-ACO 两阶段优化算法与遗传算法和蚁群优化算法对比分析，可以看出 GA-ACO 两阶段优化算法对延误航班的扰动明显更小，这样有助于机场高效运行。其次 GA-ACO 两阶段优化算法所获得的延误损失平均值比遗传算法和蚁群优化算法所获得的延误损失平均值更小，表明机场的运营成本和航空公司的延误损失更少，而且也减少了旅客的延误损失，增加了旅客对机场和航空公司的满意度。尽管 GA-ACO 两阶段优化算法的收敛速度没有遗传算法快，但是 GA-ACO 两阶段优化算法的求解精度比遗传算法好。因此，GA-ACO 两阶段优化算法在求解延误航班停机位再分配问题上优于遗传算法和蚁群优化算法，它充分利用了遗传算法和蚁群优化算法各自的优点，实现优势互补，能有效求解延误航班停机位再次分配问题。

8.8　本 章 小 结

　　本章首先介绍了遗传算法及其基本原理,然后充分利用遗传算法和蚁群优化算法在寻优过程中各自的优点,提出了一种基于遗传算法和蚁群优化算法的 GA-ACO 两阶段优化算法,详细介绍了 GA-ACO 两阶段优化算法思想、模型和步骤。以延误航班停机位再分配问题为研究对象,建立了以航班延误损失值之和最小化和停机位再分配扰动值最小化为优化目标函数的延误航班停机位再分配多目标优化模型,并进行了线性化处理,进而提出了一种基于 GA-ACO 两阶段优化算法的机场延误航班停机位再分配方法,详细描述了该方法的实现过程。最后选用国内某机场一天的延误航班数据来验证了机场延误航班停机位再分配方法的有效性,结果表明所提出的机场延误航班再分配方法能够降低机场、航空公司和旅客的延误损失,同时也能保障机场运行相关工作有序高效开展。

参 考 文 献

[1]　冯宪彬, 丁蕊. 改进型遗传算法及其应用[M]. 北京: 冶金工业出版社, 2020.

[2]　汪民乐. 先进遗传算法及其工程应用[M]. 西安: 西北工业大学出版社, 2019.

[3]　戴晓晖, 李敏强, 寇纪淞. 遗传算法理论研究综述[J]. 控制与决策, 2000, 15(3): 263-268.

[4]　冯智莉, 易国洪, 李普山, 等. 并行化遗传算法研究综述[J]. 计算机应用与软件, 2018, 35(11): 7-13, 86.

[5]　齐战, 李茂军, 莫红, 等. 改进的状态空间模型遗传算法及其全局收敛性分析[J]. 控制理论与应用, 2020, 37(10): 2115-2122.

[6]　Deng W, Chen H, Li H. A novel hybrid intelligence algorithm for solving combinatorial optimization problems[J]. Journal of Computing Science and Engineering, 2014, 8(4): 199-206.

[7]　Deng W, Chen R, He B, et al. A novel two-stage hybrid swarm intelligence optimization algorithm and application[J]. Soft Computing, 2012, 16(10): 1707-1722.

[8]　Held M, Karp R M. The traveling salesman problem and minimum spanning trees[J]. Operations Research, 1970, 18(6): 1138-1162.

[9]　李博. 基于 GA-ACO 两阶段优化方法的延误航班优化分配方法研究[D]. 大连: 大连交通大学, 2018.

[10]　董念清. 中国航班延误的现状、原因及治理路径[J]. 北京航空航天大学学报(社会科学版), 2013, 26(6): 25-32.

[11]　2018 年民航行业发展统计公报[EB/OL]. https://www.mot.gov.cn/tongjishuju/minhang/201905/P020200709615792803415.pdf

[12]　朱涛. 机场停机位再分配问题[J]. 江苏航空, 2014, 2: 42-44.

[13]　刘长有, 曹强. 基于运行安全的停机位再分配问题的研究[J]. 中国民航大学学报, 2014, 32(1): 15-18.

[14]　卫东选, 刘长有. 机场停机位再分配问题[J]. 南京: 南京航空航天大学学报, 2009, 41(2): 257-261.

[15]　涂浩. 基于航班延误成本的停机位分配优化研究[D]. 广汉: 中国民用航空飞行学院, 2017.

[16]　Tang C H. A gate reassignment model for the Taiwan Taoyuan airport under temporary gate shortages and stochastic flight delays[J]. IEEE Transactions on Systems, Man, Cybernetics, Part A: Systems and Humans, 2011, 41(4): 637-650.

[17]　Yan S Y, Chen C Y, Tang C H. Airport gate reassignment following temporary airport closures[J]. Routledge, 2009, 5(1): 25-41.

[18]　Yan S Y, Tang C H, Hou Y Z. Airport gate reassignments considering deterministic and stochastic flight departure/arrival times[J]. Journal of Advanced Transportation, 2011, 45(4): 304-320.

[19]　朱士群. 大型机场机位实时调配问题的研究[D]. 南京: 南京航空航天大学, 2007.

[20]　乐美龙, 檀财茂. 机场停机位实时分配研究[J]. 科学技术与工程, 2014, 14(13): 291-295.

[21]　张晨, 郑攀, 胡思继. 基于航班间晚点传播的机场停机位分配模型及算法[J]. 吉林大学学报, 2011, 41(6): 1603-1608.

[22]　Bolat A. Models and a genetic algorithm for static aircraft-gate assignment problem [J]. Journal of the Operational Research Society, 2001, 52(4): 1107-1120.

[23]　Maharjan B, Matis T I. An optimization model for gate reassignment in response to flight delays[J]. Journal of Air Transport Management, 2011, 17(4): 256-261.

[24]　Zhang D, Klabjan D. Optimization for gate re-assignment[J]. Transportation Research Part B: Methodological, 2017, 95: 260-284.

[25]　Gu Y, Chun C A. Genetic algorithm approach to aircraft gate reassignment problem[J]. Journal of Transportation Engineering, 1999, 125(5): 384-389.

[26]　李军会, 朱金福, 陈欣. 基于航班延误分布的机位鲁棒指派模型[J]. 交通运输工程学报, 2014(6): 74-82.

[27]　刘君强, 张马兰, 陈鹏超, 等. CDM 机制下的机场停机位一体化实时分配算法[J]. 中国民航大学学报, 2014, 32(6): 13-18.

[28]　姜思露, 朱金福, 孔明星, 等. 基于旅客计划延误的航班频率优化研究[J]. 武汉理工大学学报(交通科学与工程版), 2019, 43(1): 136-140.

[29]　黄俊生, 广晓平. 航班延误恢复的建模与算法研究[J]. 交通运输系统工程与信息, 2018, 18(1): 44-53.

[30]吴薇薇, 张皓瑜, 孟亭婷. 基于飞行资源分离的航班延误传播研究[J]. 南京航空航天大学学报, 2018, 50(5): 653-661.

[31] 吴仁彪, 赵婷, 屈景怡. 基于深度 SE-DenseNet 的航班延误预测模型[J]. 电子与信息学报, 2018, 41(6): 1510-1517.

[32] 姜雨, 胡志韬, 童楚, 等. 面向航班延误的停机位实时指派优化模型[J]. 交通运输系统工程与信息, 2020, 20(5): 185-190.

[33] 刘君强, 雷凡, 王英杰, 等. 基于航班延误的机场滑行道停机位分配模型研究[J]. 武汉理工大学学报(交通科学与工程版), 2020, 44(4): 653-657.

[34] Pternea M, Haghani A. Mathematical models for flight-to-gate reassignment with passenger flows: State-of-the-art comparative analysis, formulation improvement, and a new multidimensional assignment model[J]. Computers and Industrial Engineering, 2018, 123: 103-118.

[35] Deng W, Li B, Zhao H M. Study on an airport gate reassignment method and its application[J]. Symmetry-Basel, 2017, 9(11), 258.